AF330622

MEAUDRE DE LAPOUYADE

VOYAGE D'UN ALLEMAND

A BORDEAUX

EN 1801

A BORDEAUX

DE L'IMPRIMERIE G. GOUNOUILHOU

9-11, rue Guiraude, 9-11

MCMXII

VOYAGE D'UN ALLEMAND

A BORDEAUX

EN 1801

TIRÉ A 5o EXEMPLAIRES

MEAUDRE DE LAPOUYADE

VOYAGE D'UN ALLEMAND

A BORDEAUX

EN 1801

A BORDEAUX

DE L'IMPRIMERIE G. GOUNOUILHOU

9-11, rue Guiraude, 9-11

MCMXII

HERRN MAX-LORENZ MEYER

*In dankbarster Erinnerung an die mir
im vaterlichen Hause zu Theil gewordene
so freundliche Aufnahme.*

Hamburg, 1890.

VOYAGE D'UN ALLEMAND A BORDEAUX

EN 1801

ES pages si attachantes du *Journal* de Mme de La Roche, cette Allemande qui visita Bordeaux en 1785, et dont nous publiions récemment les impressions de voyage, seront heureusement complétées aujourd'hui par le récit non moins attrayant du séjour que fit dans notre ville, au mois d'août 1801, M. Lorenz Meyer, un Allemand lui aussi.

Né à Hambourg le 22 janvier 1760, Friedrich-Johann-Lorenz Meyer, fils de Johann-Lorenz et d'Elisabeth Michels, marié le 22 avril 1785 avec Amalia Böhmer[1], appartenait à l'une des familles les plus anciennes et les plus considérables de la ville. Il était docteur

1. *Geschichte und Genealogie der Familie Lorenz Meyer.* Hamburg, Meissner, 1861.

en droit et remplissait, sous le très ancien titre de *Domherr*, qu'il fut le dernier à porter, les fonctions de membre du Conseil presbytéral dans l'église luthérienne.

Esprit large et tolérant, ouvert à toutes les connaissances humaines, doué d'un sens critique et d'observation tout à fait rare, parlant le français, l'anglais et l'italien, c'était une sorte de savant, d'encyclopédie vivante comme on en rencontrait beaucoup naguère. Avec cela, spirituel et enjoué, de caractère même badin, et ne craignant rien tant que la solitude. Aussi, ses écrits, des relations de voyage pour la plupart, se recommandent-ils par la puissance et la clarté de l'analyse, par l'élévation des idées, la profondeur de l'érudition et le pittoresque des descriptions.

Ces relations de voyage ont été écrites sur l'Angleterre, l'Allemagne, l'Italie et la Russie. Deux autres concernent la France. La première est relative au séjour que Meyer fit à Paris en 1796 lorsqu'il y accompagna son ami Sieweking, député de Hambourg auprès du Directoire exécutif de la République française. Elle comprend deux volumes qui ont paru à Hambourg en 1797 chez Bohn, sous le titre : *Fragmente aus Paris in IVten Jahr der Französischen Republik*, c'est-à-dire *Notes sur Paris en l'an IV de la République française*. On y trouve les détails les plus curieux et souvent inédits, les anecdotes les plus intéressantes aussi bien sur la Révolution que sur le Paris de cette époque, sur ses monuments, sur ses mœurs, sur la politique, les sciences, les arts, le théâtre et la musique. La seconde relation est celle du voyage fait par Meyer en France en 1801. Elle a été conçue sur le même plan que la précédente et contient aussi des renseignements du plus haut intérêt sur Bruxelles, Paris, Bordeaux, Lyon, Marseille et tout le sud de la France. Egalement édité en deux volumes à Tubingen en 1802, chez Cotta, libraire, l'ouvrage est intitulé : *Briefe aus der Hauptstadt und dem Innern Frankreichs*, ou *Lettres de la capitale et de l'intérieur de la France*, car c'est en effet un recueil des lettres adressées par Meyer à ses « amis du Weser et de l'Elbe ».

Ces deux voyages n'étaient pas les premiers faits en France par Lorenz Meyer. Il y était déjà venu une première fois en 1783-1784

8

rendre visite à son frère Christoph [1] nouvellement établi à Bordeaux.

Depuis, Meyer n'y était pas retourné, car, en 1796, il ne dépassa point P...s. Et lorsqu'en 1801 il reviendra à Bordeaux, ce sera moins sans doute pour satisfaire son humeur voyageuse que pour revoir son frère après une longue séparation de dix-huit années.

De son premier voyage, Lorenz Meyer, encore trop jeune, n'a laissé aucune relation. Regrettons-le d'autant plus que c'est à peine si, dans ces lettres de 1801 dont nous avons traduit et extrait les passages qui vont suivre, ses souvenirs déjà lointains lui ont permis d'esquisser entre le Bordeaux de Louis XVI et celui du Consulat l'intéressant parallèle que nous eussions voulu voir développer par l'homme supérieur et le témoin impartial que fut Lorenz Meyer.

Nous remercions M. Max Meyer de nous avoir si gracieusement communiqué l'excellent portrait que nous reproduisons ici. Il nous aide à faire d'une façon plus intime et plus complète la connaissance de notre voyageur et donne une intensité de vie toute particulière au récit qui va suivre.

Arrivé d'Allemagne par Brême, Munster, Almeloo, Nordhoorn et Anvers, qu'il ne fit que traverser, Meyer passa le mois de juin à Bruxelles, et à Paris le mois de juillet 1801. Il partit pour Bordeaux vers le 1er août suivant.

A cette époque, et tant qu'il fallut aller en voiture, le trajet de Paris à Bordeaux durait environ cinq jours et demi. Ceux qui n'avaient pas de voiture faisaient le voyage à « frais communs » avec le propriétaire d'un véhicule quelconque, berline, cabriolet ou chaise de poste. Les journaux du temps sont pleins d'offres et de demandes de cette nature. Ce moyen de locomotion était le plus agréable et le plus rapide, parfois même le plus économique, mais il était aussi le plus aléatoire et le moins pratique pour les voyageurs dont le temps était compté. Ces voyageurs, comme du reste la masse des gens, car le premier venu ne pouvait monter dans une

1. Daniel-Christoph Meyer, né à Hambourg le 4 décembre 1751, marié à Bordeaux, vers 1790, avec Marie-Henriette Andrieu de Saint-André, mourut le 7 avril 1818.

voiture particulière, ces voyageurs prenaient la diligence qui partait de Paris à jour passé. Et c'était alors, durant près d'une semaine, le plus inconfortable et le plus pénible des voyages, dans cette lourde machine aux sièges peu ou point rembourrés, et qui vous cahotait tout le long du jour à travers les nuages de poussière et les fondrières d'une route jamais entretenue.

Le coût du voyage en diligence, place, frais de nourriture et pourboire compris, s'élevait à 182 livres environ, soit à peu près 364 francs de notre monnaie. Pour les bagages, on ne jouissait que d'une franchise de quinze livres. Au-dessus de ce poids, il fallait payer quarante livres pour cent livres, soit 80 francs pour 50 kilos de bagages !... Comme on était loin de la rapidité, du confort et de la modicité relative d'un voyage actuel en train de luxe ! Les voyageurs étaient nombreux cependant, et ceux-là mêmes qui voyageaient par agrément ne songeaient pas à se plaindre. Ils savaient oublier leurs aises en vue de parvenir au but d'un voyage dont ils goûtaient d'autant mieux les satisfactions finales qu'il leur en avait coûté davantage pour les atteindre. Tout ce qu'ils voyaient, tout ce dont ils jouissaient, leur semblait être un peu comme leur chose car ils l'avaient gagné au prix de quelque peine, et c'était pour eux une satisfaction de penser qu'il n'y aurait pour partager leur conquête que des êtres épris du même amour et capables des mêmes sacrifices. Aujourd'hui, il n'en va plus ainsi... La rapidité et la facilité des voyages ont supprimé l'effort, démocratisé ses résultats, et mis sur un même pied d'égalité l'artiste et le « snob », l'homme curieux de s'instruire et l'acheteur de cartes postales ou le « bouffeur de kilomètres ». Le « tourisme » a envahi l'univers, profané de ses hordes bruyantes et des engins de sa réclame les plus intimes recoins de la nature et, chose inattendue, ce sont les moyens de locomotion qui, par leur confort et leur luxe, sont devenus cette fois le prétexte et le véritable attrait des voyages. Est-ce un progrès ?

Lorenz Meyer, qui n'avait jamais pris la diligence, hésita longtemps avant d'en faire l'expérience. « Mais j'aimais mieux, dit-il, souffrir toutes les incommodités plutôt que de voyager seul, » et il alla arrêter sa place pour Bordeaux. Il ne devait point le regretter, du reste, car le hasard lui donna pour compagnon de route « des

gens gais et bavards », dont il a tracé un portrait qui ne va pas
déparer celui de la diligence elle-même :

La diligence de Paris est un véritable monstre dans l'art de la car-
rosserie. La voiture du Parlement, dans laquelle le roi d'Angleterre
se promène la couronne sur la tête et le sceptre en main, n'est certainement pas d'aspect plus étrange. Cette voiture colosse, toute
carrée, avec des magasins sur le toit et sur l'essieu de derrière, possède à l'intérieur deux larges bancs contenant six bonnes places
éclairées par autant de fenêtres. Heureux celui qui occupe un des
quatre coins qu'il a su retenir assez à l'avance au bureau de la diligence ! Car cette place, banale en apparence, va lui procurer le double
avantage de respirer l'air frais et de regarder librement par la fenêtre,
puis, quand viendra l'heure du sommeil, de pouvoir s'installer confor-
tablement, blotti dans son coin.

La voiture est suspendue à l'aide de courroies et, en terrain plat,
elle se comporte en somme aussi bien que si elle était pourvue de
ressorts d'acier. Le train de dessous et les roues sont en bois et en fer
massifs. On dirait un monument composé de poutres, de solives, de
garnitures en fer, de tringles et de chevilles assemblées comme pour
l'éternité. Il est vrai qu'il lui faut faire quarante-huit fois par an le
lointain voyage de Bordeaux. Au second étage du véhicule et sur
l'essieu de derrière, se trouvent les magasins dont j'ai parlé. D'après
les règlements, ces magasins sont exclusivement réservés aux malles
des voyageurs et aux petits bagages, mais, dans leur désir de gagner
le plus possible, les entrepreneurs en abusent et s'en servent aussi
pour transporter les gros ballots de marchandises. C'est une véritable
montagne, consolidée à l'aide de poutres, de chaînes et de treillages
en fer. Sur le toit se trouvent les places populaires des voyageurs de
seconde et de troisième classe et un cadre avec des corbeilles pour les
menus objets.

Tous les deux jours, une de ces voitures, car il en existe plusieurs
semblables, quitte les bureaux de la diligence. Elle va en cinq jours
et demi à Bordeaux, d'où elle revient souvent dans le même laps de
temps. Comme toutes celles qui rayonnent dans les diverses régions
de la France, ces diligences appartiennent à une entreprise privée qui
paie un impôt à l'Etat et s'entend avec les maîtres de poste des stations pour ce qui est des relais, lesquels sont la propriété des entrepreneurs.

Avec ses cinq chevaux de relais, la diligence parcourt, de trois
heures du matin à neuf heures du soir et sur des routes généralement
plates, douze, mais le plus souvent quinze postes, soit environ dix-
huit lieues allemandes. On ne passe qu'une nuit entière à voyager.

Durant les autres, on peut se mettre au lit quelques heures. Les arrêts pour le déjeuner, pour le dîner et le coucher sont fixés à l'avance. Il en est partout de la sorte. Partout la table est dressée, le lit fait et le voyageur a le loisir de se rendre compte où il est, sans pouvoir toutefois rester aussi longtemps qu'il le désirerait. Chacun doit plier sous le joug du règlement et obéir aux ordres du chef quand celui-ci donne le signal du départ. Ce chef, c'est le *conducteur*. Il n'a rien de la lourdeur d'un voiturier allemand, car il est Français et, pour cette seule raison, de manières plus dégagées; son contact permanent avec des gens du monde a fini de le débrouiller. C'est généralement un homme poli, sachant causer, prévenant, serviable, à qui son dévouement aux intérêts des entrepreneurs a valu les fonctions qu'il exerce. Sur lui repose le crédit et la bonne réputation de la diligence. Il a pour résidence le cabriolet, sorte de place bien abritée qui se trouve à l'avant de la voiture, et qu'il lui arrive parfois de céder en cours de route à quelque voyageur important; il se met alors dans le cadre qui est sur le toit.

Ce maréchal du voyage arrête lui-même le programme de la journée, fixe l'heure du départ et celle d'arrivée aux stations, règle les dépenses, répond des paquets, des voisins de table des voyageurs, et aide ceux-ci à monter en voiture et à descendre. Son pourboire est, pour tout le voyage, d'un écu de six livres; les postillons touchent à eux tous la même gratification. La place se paie 110 livres, somme qui varie suivant le coût de la nourriture des chevaux. Le prix convenu pour le petit déjeuner est de 15 sous, de 45 sous pour le déjeuner et de 3 livres[1] pour le dîner et la chambre[1]. On paie quarante livres pour cent livres de bagages; la franchise n'est que de quinze livres. Si on se conforme au service et qu'on ne demande rien en dehors de ce qu'il prévoit, le voyage de Paris à Bordeaux revient en tout à huit carolins et demi. Pour les personnes difficiles, le moindre inconvénient de la diligence, c'est que tout soit si mal rembourré, si mal entretenu et si inconfortable; c'est que les conducteurs et leurs supérieurs soient si peu libres de choisir les hôtels qui, dans la plupart des endroits où l'on s'arrête, pourraient être meilleurs que ceux où l'on vous fait descendre; c'est enfin la façon abusive dont on surcharge la voiture, bien que cela ne nuise en rien à la rapidité du voyage.

La composition intérieure de l'Etat de la diligence est essentiellement démocratique. Quand ils se trouvent assis les uns en face des autres, une petite république libre a vite fait de se fonder entre ces voyageurs qui ne font connaissance que pour la durée du voyage et qui, généralement, se voient pour la première et la dernière fois de

1. Soit environ 1 fr. 50, 4 fr. 50 et 6 francs de notre monnaie.

leur vie. Ici, chacun agit à sa guise et selon ses goûts, contribue pour sa part au bien général du petit État et se soumet à ses lois. L'incognito, l'impénétrabilité des individus les uns envers les autres ne durent pas longtemps. Le sans-gêne rapproche tout le monde et on a bientôt fait de se connaître chacun avec ses petits défauts. Les péripéties continuelles du voyage entretiennent la gaîté et c'est par les rires et la plaisanterie que se resserrent les liens de la bonne connaissance. Parfois, le hasard fait se rencontrer ainsi de vieux amis qui s'étaient perdus de vue de bonne heure et qui se retrouvent inopinément à la portière.

Je fis au départ la rencontre moins sentimentale, mais cependant de bon augure pour le voyage, de deux hommes sympathiques, deux honorables Bordelais, volontairement exilés à Hambourg pendant plusieurs années et qui retournaient maintenant dans leur patrie redevenue paisible. Un jeune savant fut notre quatrième compagnon; il allait à Bordeaux s'embarquer pour l'Amérique et remplir la mission scientifique dont l'avait chargé le Gouvernement. Le cinquième voyageur était un propriétaire des environs de Bordeaux et le sixième un capitaine de corsaire français. Fait prisonnier par les Anglais, il était resté détenu durant cinq mois dans les prisons de la marine ennemie; on venait de lui rendre la liberté sur sa parole d'honneur qu'il ne se livrerait plus à la course. C'était un original, gascon de naissance et de caractère, avec cette vivacité d'esprit, cette gaieté toujours railleuse, cette inlassable activité, ce besoin constant de raconter des histoires et cette forfanterie méridionale, mais avec aussi cette complaisance sans bornes dont ses compatriotes ont la réputation. C'était le bouffon choyé de nous tous; ses plaisanteries avaient un sel du plus haut comique, et la façon pittoresque dont il racontait ses croisières elles-mêmes eussent déridé le front soucieux d'un Caton.

Un septième voyageur s'était fait le compagnon du conducteur dans le cabriolet, ce qui lui permit de payer sa place un tiers moins cher. C'était un jeune soldat de réserve de l'armée de Bonaparte, silencieux, discret, laconique, mais bon et aimable, et qui avait combattu à Marengo. Il portait sur l'épaule un beau sabre au ceinturon orné de l'aigle impérial. Où qu'il fût, il veillait avec un soin jaloux sur cette arme qu'il gardait toujours avec lui, même à table et au lit. Un jour, comme je la regardais plus que de coutume, il me dit : « Je tiens beaucoup à ce sabre. C'est un capitaine ennemi qui me l'a remis quand je l'ai fait prisonnier sur le champ de bataille de Marengo. Après la paix, j'ai vidé ma bouteille avec lui. »

Avec de tels compagnons, la route ne pouvait paraître longue,

mais Lorenz Meyer avait été si furieusement cahoté pendant tout
le trajet, qu'il éprouva quelque satisfaction à se voir arrivé au
terme du voyage. Du reste, il ne l'accomplit pas jusqu'au bout avec
la diligence, car son frère vint le chercher à Cubzac en cabriolet.
Cela lui permit de goûter tout à l'aise le charme des sites pittoresques
de l'Entre-deux-Mers et l'imposant spectacle de l'arrivée à Bordeaux
par Lormont :

Nous jouîmes, dit-il, des plus beaux points de vue, mais passâmes
dans des chemins affreux par Chierzac, Cavignac et Cubzac. La dure
consonance de ces noms inusités — ceux de presque toutes les loca-
lités de la Gascogne finissent en *ac* — semblait augmenter encore les
cahots du chemin. Les routes, si on peut appeler cela des routes, sont
entièrement défoncées sur plusieurs lieues de long, et il ne paraît pas
du tout qu'il soit question de les réparer, même aux abords de la
première ville de commerce de France. Secoués sans pitié, cahotés et
jetés sans cesse les uns contre les autres, nous atteignîmes enfin les
bords tant désirés de la Dordogne, rivière qui coule là au milieu d'une
riante vallée. J'y trouvais mon frère, venu à ma rencontre. Oh !
quelle joie de se revoir ainsi après une longue séparation... Ayant
laissé là mes amis, ils l'étaient bien devenus en effet, nous traversâmes
la rivière et volâmes en trois heures jusqu'à la Garonne, dans un léger
cabriolet. Cette région, comprise entre la Dordogne et la Garonne
a l'air d'une Suisse en miniature; c'est le pays appelé *Entre-deux-Mers*,
avec ses riantes vallées, ses étages de hauteurs boisées et ses coteaux
couverts de vignes.

Sur les bords en demi-lune du large fleuve aux flots impétueux,
s'étend la belle ville de Bordeaux. Une rangée de maisons splendides
se dresse le long des quais du Chapeau-Rouge jusqu'à ceux des
Chartrons. Dans le port, spacieux et libre, une ligne de navires pavoisés
est à l'ancre, semblable à une flotte armée... C'est une vue que pour la
grandeur et la majesté de l'ensemble je ne puis comparer qu'à celle
de Gênes et de Naples.

En arrivant à Bordeaux, Lorenz Meyer fut loin de retrouver la
ville prospère et riche qu'il avait connue quelque dix-huit ans plus
tôt. La Révolution avait décimé sa population, anéanti son commerce
et ruiné sa fortune. Un grand silence, tout fait de recueillement et
de tristesse, planait maintenant sur la cité meurtrie. Seule, la foule
des navires mouillés dans la rade faisait encore illusion, mais elle
n'était au fond qu'une preuve nouvelle de la décadence de la ville.

14

Et Meyer va faire en quelques lignes, qui marqueront bien sa déception et ses regrets, ce tableau peu réconfortant du spectacle qui l'attendait :

L'antique splendeur de Bordeaux n'est plus... La dévastation et la perte des colonies ont anéanti le commerce et ruiné du même coup la richesse de la principale ville de France. On s'en aperçoit partout. La Bourse regorge bien de négociants, mais la plupart n'y vont que par habitude. Les affaires sont rares. Le commerce intérieur des vins est le seul qui n'ait pas disparu et le seul qu'on puisse encore faire en même temps que celui de quelques produits de valeur moindre et dont on ne tire qu'un maigre profit. Qui se fût seulement dérangé autrefois pour toucher des commissions sur des ventes de prunes? Aujourd'hui, les plus notables négociants ne dédaignent plus de s'occuper de semblables affaires, et les capitaines de navires, qui ne prenaient guère de caisses de prunes qu'en guise de lest, les recherchent maintenant comme cargaison.

Nombre d'importantes maisons de commerce ont été ruinées par la perte seule des colonies. D'autres, qui le croirait? se sont anéanties elles-mêmes en accordant une confiance aveugle au papier-monnaie de la Révolution. Elles ont mis les assignats en portefeuille avec l'espoir qu'ils prendraient de la valeur et elles ont perdu de la sorte toute leur fortune. Seuls, ceux qui ont prévu assez tôt la baisse des assignats et qui en ont employé le montant dans l'achat de terrains ou de maisons ont conservé en partie leur situation. Les Juifs eux-mêmes, spéculateurs avisés, se sont départis cette fois de leur prudence accoutumée. Il n'y a que deux négociants israélites qui aient échappé à la catastrophe. Tous les autres ont sombré dans la tourmente générale.

La *rivière*, ainsi qu'on appelle la partie de la Garonne qui coule devant Bordeaux, malgré le marasme des affaires, est encombrée de navires. L'aspect de la rade fait un instant illusion sur la véritable situation de la ville. Car ces navires, qui viennent des ports d'Amérique et du nord de l'Europe, importent maintenant dans le pays les denrées coloniales qu'ils en exportaient autrefois, et en échange desquels ils recevaient quelque peu de vins et des produits sans grande valeur.

La disparition des corsaires a fait également éprouver une grosse perte à Bordeaux. Depuis le début de la guerre maritime, 110 navires y ont été armés en course. Tous sans exception sont tombés aux mains des Anglais, et il s'en faut de beaucoup que les prises antérieurement faites compensent la perte des navires. Tout cela fait que la richesse, et le luxe qui en est le signe, ont complètement disparu.

L'animation des quais est médiocre, on vit retiré, et la ville ne compte plus que deux équipages, celui du préfet et celui du commissaire général de la police...

Que de changements, quelle déchéance, et comme on s'explique le désenchantement des yeux et du cœur de celui qui avait contemplé avec ravissement le Bordeaux animé et somptueux de Louis XVI et des Intendants ! L'impression fut d'autant plus vive que Meyer apercevait à chaque pas les traces encore fraîches du drame qui venait d'ensanglanter la ville. Partout il en rencontrait les témoins attristés, et il le sentit encore si près de lui qu'il put s'imaginer en avoir été, lui aussi, le spectateur.

Une des premières choses qui frappèrent ses regards, ce furent les *Arbres de la Liberté*. « On en avait planté sur toutes les places et sur tous les quais, écrit-il, mais ils sont tous morts, sans exception. L'aspect de ces troncs desséchés rend encore plus pénible le souvenir qu'ils rappellent. »

Ces arbres étaient sans doute d'essence très difficile à cultiver, car ceux dont parle Meyer n'étaient point, tant s'en fallait, les arbres plantés vers 1792. En 1796, tous avaient déjà péri. Même celui de la place Dauphine n'avait pu croître dans cette terre cependant arrosée de sang, et Bernadau raconte qu'il fut arraché vers le mois d'août ou de septembre 1796. Mais, comme il était l'ornement indispensable de la place, on en planta un autre le 2 décembre suivant. « Le bureau central, dit Bernadau à ce sujet, a pensé qu'il n'est pas décent de laisser une belle place sans brandon mort et que la tranquillité publique tenait à ce palladium. En conséquence, il en fit planter hier en grande cérémonie couronné d'un beau bonnet blanc. On avait imaginé que cette couleur de l'innocence convenait au lieu où elle a tant été immolée. Mais les sans-culottes du quartier, qui aiment la teinte rouge, l'ont fait ôter, et on s'est arrangé en le barbouillant en tricolore[1]. » Ce nouvel arbre, qui n'était pas plus vigoureux que le précédent, mourut à son tour, et on en replanta un troisième, le 3 février 1798, lorsqu'en exécution d'une loi tous les arbres de la Liberté furent renouvelés[2]. Nous

1. Bibl. de Bordeaux. Bernadau, *Tablettes*, t. VII, p. 303.
2. *Ibid.*

savons ce qu'il advint encore de ces arbres : ce sont ceux qu'en 1801 Meyer trouva réduits à l'état de « troncs desséchés ». Depuis, on a sagement renoncé à les remplacer.

Meyer eut encore l'attention attirée par l'extravagance des noms donnés à certaines rues, et il ne comprit pas qu'il se fût trouvé des hommes assez déments pour manifester leur haine d'une façon tellement puérile et ridicule :

C'est surtout dans le faubourg Saint-Seurin, dit-il, que revit le souvenir de la Terreur. On y voit, gravés à tous les coins de rue, des noms dictés par la plus haineuse des sans-culotteries. La singularité de ces inscriptions m'oblige à en citer quelques-unes, que j'ai pu lire moi-même, et auxquelles on a peine à croire, par exemple : *Rue Ça-Ira, Rue Ça-Va, Rue Ça-Tiendra, Rue de l'Arbre-Chéri, Rue de la Régénération, Rue Haine-aux-Tyrans, Rue Plus-de-Rois, Rue Vivre-Libre-ou-Mourir, Rue J'adore-l'Egalité*[1], etc. Cette façon de proclamer la liberté et l'égalité aux coins des rues prouve que les habitants de ce quartier ont la même mentalité que ceux du faubourg Saint-Antoine à Paris. Ce sont des ouvriers pour la plupart. On dit qu'ils tiennent encore tant à leurs noms de rues, que la police n'ose pas faire effacer toutes ces inscriptions monstrueuses.

Elles n'ont jamais été enlevées, du reste, et celles qui n'ont pas disparu avec la maison qui les portait ou que ne cachent point les boiseries d'une devanture ou quelque maquillage, celles-là peuvent se lire encore, témoin l'inscription de la *Rue de l'Arbre-Chéri*, gravée sur le mur de la mairie, au coin de la rue de l'Hôtel-de-Ville et de la rue Montbazon.

Avant de quitter Hambourg, Lorenz Meyer avait fait à ses amis le serment de ne jamais leur parler, dans ses lettres, des souvenirs sanglants de la Révolution. « A Paris, je pus tenir ma promesse, dit-il, parce que les affreux témoins du passé ne sont plus. » Du moins eut-il la chance de n'en point rencontrer. A Bordeaux, ils se dressaient encore partout, et « bien que leurs blessures fussent cicatrisées pour la plupart », il voulut éviter d'en parler aux Bordelais, par crainte qu'en les interrogeant sur leurs malheurs passés il ne rouvrît leurs plaies et s'entendît lui aussi faire ce reproche :

1. Actuellement rues : Ségalier, de Cursol, de la Chapelle-Saint-Martin, de l'Hôtel-de-Ville, Saint-Sernin (en partie), du Château-d'Eau, d'Yres, allées Damour, de Montbazon.

Nefandum jubes renovare dolorem... Mais, d'elles-mêmes, les victimes racontèrent leur supplice et, à son tour, Meyer ne put s'empêcher de faire entendre un cri d'admiration et de pitié pour elles, de réprobation indignée contre leurs bourreaux :

J'ai pu voir, de cette triste époque, maints souvenirs encore vivants, maintes sépultures que l'herbe n'avait pas encore recouvertes, et souvent mes regards se sont arrêtés sur la tombe des malheureuses victimes de la fureur révolutionnaire.

« C'est ici, me dit un jour un Bordelais, alors que pour la première fois je traversais avec lui la belle place Dauphine, c'est ici que mes malheureux concitoyens ont été immolés ! C'est à l'endroit où vous apercevez cet exhaussement du sol, recouvert de pavés, que leur sang a coulé de l'échafaud et arrosé la terre. » Je vis en effet, au milieu de la place [1], la partie pavée où on avait installé la guillotine. Au-devant de celle-ci, une rigole était creusée pour recevoir le sang des victimes. Cette belle place, de formes régulières, est bâtie sur tout son pourtour de grandes maisons. Pour l'instant, ces maisons sont peu habitées et seulement par des gens du peuple. Elles sont à vendre ou à louer à des prix dérisoires, tant chacun redoute d'y demeurer à cause des souvenirs sanglants qu'elles rappellent.

Dans l'espace de quatorze mois, cinq cent quatre-vingts [2] têtes tombèrent. C'étaient celles de vieillards, d'hommes, de femmes et de jeunes gens appartenant pour la plupart aux classes aisées, et qui n'avaient pas su satisfaire assez tôt, par le paiement d'une forte rançon, les besoins d'argent et la soif de l'or du président du tribunal révolutionnaire, Lacombe, ce Robespierre de la Gironde.

On vit les négociants les plus honorables arrachés des bras de leur famille, arrêtés dans la rue, à la Bourse même, puis conduits devant le tribunal sanguinaire et de là envoyés directement à la guillotine. Une demi-heure à peine suffisait pour vous faire passer de vie à trépas. On était en train d'attendre le père de famille pour se mettre à table, après la Bourse, lorsque tout à coup on apprenait sa mort sur l'échafaud. Si l'épouse ou la fille, averties de l'arrestation de leur mari, de leur père, couraient au tribunal de sang se jeter aux pieds des juges, elles rencontraient en route la charrette du bourreau emportant déjà l'époux enchaîné et le père en toilette de condamné

---

1. Cette précision tranche une question diversement résolue jusqu'à présent. Le Dr Barraud (*Vieux Papiers bordelais*, Paris, Ficker, 1910) avait cru pouvoir fixer l'emplacement de la guillotine sur le côté est de la place Dauphine, près d'un corps de garde qui se trouvait là. Mais n'était-il pas plus logique que la guillotine eût été dressée au centre même de la place? C'était la seule façon d'organiser équitablement le spectacle.

2. Il y eut exactement trois cent une personnes guillotinées.

à mort lesquels leur adressaient un dernier adieu en maudissant les assassins. Bien des gens qui vaquaient à leurs affaires ou qui s'en allaient avec des parents respirer l'air frais de la campagne, entendirent dans les rues de ce quartier les cris de détresse des malheureux ainsi enlevés à leur famille et brusquement envoyés à la mort. Et ils rebroussèrent chemin pour s'arracher à la vue d'un spectacle aussi abominable.

Le moindre soupçon porté sur un négociant en relations d'affaires avec l'étranger, une lettre confidentielle envoyée du dehors par un parent ou un ami, tout cela était pour le frère, pour le père et pour l'ami un arrêt de mort. Les assassins pénétraient de force jusque dans les lieux consacrés à la prière, dans les hospices et dans les couvents. Des nonnes furent ainsi enlevées en masse à leurs cellules et conduites à la guillotine. Beaucoup se souviennent, non sans pleurer, d'une scène de ce genre. On avait dit au tyran Lacombe qu'un prêtre insermenté se cachait dans le couvent des *Sœurs grises*, cet ordre des sœurs gardes-malades dont la fondation remonte à une lointaine époque. Les valets du bourreau cherchèrent alors le prêtre, le découvrirent et le traînèrent avec les sœurs devant le tribunal révolutionnaire. Tous furent condamnés à mort. « Je vois encore, me disait un témoin de cette scène émouvante, je vois encore le cortège de ces femmes arrivant là-bas dans la rue et marchant deux par deux. C'était beaucoup plus une procession de saintes qu'une marche à la guillotine. Les nonnes portaient toutes leur habit de cloître. Une expression d'innocence et de douce gravité, de tranquillité sereine et de résignation était peinte sur leurs visages. L'une contemplait avec dévotion le petit crucifix qu'elle portait sur la poitrine ; l'autre, qui marchait à côté d'elle, levait tout grands ouverts ses beaux yeux vers le ciel, où était son unique espérance ; celle-ci pleurait en silence le rêve enchanteur qu'elle s'était fait de la vie, et dans le regard de celle-là, enfin, on voyait que la terre n'existait plus pour elle ; autour de sa tête brillait l'auréole de l'immortalité. Et ceux qui rencontrèrent ce cortège auguste durent rentrer chez eux pour pleurer en secret, car les larmes de la pitié étaient, elles aussi, criminelles.

Parmi nombre de traits d'impassibilité et de ferme résignation devant la mort, le suivant est particulièrement remarquable. Vigneron, jeune homme de trente-six ans, ci-devant trésorier de France, fut condamné à mort comme suspect. Il était très riche, et il n'en fallait pas davantage pour que Lacombe le fît périr. On le conduisit à l'échafaud avec plusieurs autres malheureux. Sa tête devait tomber la dernière. Quatre condamnés furent exécutés devant lui, et Vigneron les vit mourir sans détourner les yeux. Comme le couperet venait de tomber pour la quatrième fois, un des crochets qui le maintenaient entre les deux montants de la guillotine se brisa. L'appareil ne pouvant plus fonctionner, le délégué de la police ordonna de remettre l'exécution au lendemain et de reconduire en prison le cinquième condamné. « Halte-là ! s'écrie Vigneron d'une voix forte; je ne sors pas d'ici, je veux mourir. » On lui indique alors le motif de cet ajournement, qui est nécessaire. « Mais, c'est une bagatelle ! observe-t-il. Tenez, il y a là-bas, dans cette rue, un serrurier; qu'on l'appelle, il replacera tout de suite le crochet qui s'est cassé. J'attends ici jusqu'à ce que ce soit fait. » Personne ne songe à contredire cet homme, qui paraît si résolu. Le serrurier est mandé, et, tandis qu'il fait la réparation, Vigneron, tout à fait calme, va et vient le long de la guillotine, au milieu du cercle des soldats. Enfin, le serrurier a fini son travail; on fait un essai : le couperet monte et redescend. Vigneron gravit alors les degrés de la guillotine : « Etes-vous sûr, demande-t-il, que la machine fonctionne bien? » On lui affirme que oui. « Je veux m'en assurer moi-même, dit-il; voyons, essayez... » Il est fait selon son désir : le couteau marche, en effet. « C'est bien, » dit alors Vigneron; et, tandis que le couperet remonte, il place sa tête sur le billot et meurt...

Poursuivant ses récits sur la Terreur, Meyer parle longuement du rôle joué par Tallien et Lacombe et raconte à ce sujet nombre d'anecdotes trop connues pour que nous croyions utile de les reproduire ici. Mais il nous apprend encore, et le détail est piquant, qu'il eut l'occasion d'approcher la belle Mme Tallien, celle qui sauva Bordeaux de plus grands malheurs et qu'on appelait Notre-Dame de Thermidor :

Je n'oublierai jamais, dit-il à ce sujet, la scène intéressante à laquelle j'ai assisté à Paris en 1796. Je dînais un soir dans une maison en compagnie de Mme Tallien et me trouvais assis juste en face d'elle. Un négociant de Bordeaux, qui débarquait dans la capitale, arriva en retard au dîner et prit la place demeurée vide auprès de moi. Dès qu'il aperçut Mme Tallien, qu'il s'attendait si peu à trouver là, il se leva comme mû par un ressort pour la saluer. Mais, au lieu de lui présenter ses hommages suivant les formes courantes de la politesse, il lui fit force révérences ainsi qu'on a coutume de le faire aux personnes de qualité. Il paraissait troublé et cela éveilla ma curiosité. « On dirait que vous connaissez cette jolie femme? » lui dis-je. « Je crois bien que je la connais, répliqua-t-il en proie à une émotion manifeste; je crois bien que je la connais notre libératrice, notre ange tutélaire ! Sans elle, moi et bon nombre de mes concitoyens nous ne serions plus.

Elle a sauvé Bordeaux de sa ruine et arraché à la mort un millier d'entre nous. » Et mon voisin me raconta alors bien des choses que j'entends aujourd'hui confirmer à Bordeaux. Il me dit qu'on avait également conservé un excellent souvenir du général Brune, qui s'était publiquement opposé, non sans danger pour lui, à ce que fût mis à exécution l'infernal projet qu'avaient conçu Lacombe et ses acolytes de piller et d'incendier le quartier du Chapeau-Rouge qu'ils appelaient *le nid des aristocrates*. Son noble emportement, sa parole forte et martiale, calmèrent souvent la fureur de ce sauvage conseiller du peuple.

Le frère de Lorenz Meyer, établi comme négociant en vins à Bordeaux vers 1780, et récemment nommé consul général de la ville de Hambourg, habitait au bout des allées de Tourny, du côté opposé à celui du Grand-Théâtre, un très bel immeuble qu'il avait fait bâtir en 1797, sur les plans de Combes. Appelé d'abord *maison Meyer*, il fut connu plus tard sous le nom de *Café des Mille Colonnes*, puis sous celui de *Café Anglais*, nom qu'il porte encore aujourd'hui. C'est là que Meyer descendit au mois d'août 1801.

Cette maison, sans doute conçue dans le même esprit que celle de la place Tourny auxquelles elle était adossée, ne comportait à l'origine qu'un rez-de-chaussée et un entresol. Le 26 septembre 1796 [1], Meyer sollicita l'autorisation d'y élever un premier et un second étages et de construire au-devant de l'immeuble un péristyle de six colonnes. La permission lui fut accordée à condition que sous ce péristyle, qu'on allait établir sur la voie publique, le passage demeurerait libre et que les promeneurs n'en seraient jamais privés « sous aucun pretexte ny dans aucun temps » [2]. Un an plus tard, la maison était achevée et telle que nous la voyons aujourd'hui, si ce n'est qu'on a, depuis, oublié de laisser le passage libre pour les promeneurs et qu'on a vitré le péristyle pour agrandir le café. La reproduction que nous en donnons a été faite d'après un dessin ancien, que nous remercions son propriétaire, M. Pierre Damas, de nous avoir aimablement communiqué. On aperçoit à droite le *Théâtre de la Gaieté*, sorte de baraque construite en 1798, brûlée en 1801, rebâtie en 1804 et définitivement démolie en 1821.

1-2. *Archiv. mun. Inventaire de la période révolutionnaire.*

La situation était des plus agréables et des plus gaies, sur ces allées de Tourny, rendez-vous de toutes les élégances, et dont l'aspect frais et riant enchantait les yeux. C'est qu'à cette époque, seul le côté sud était bâti. L'autre côté se trouvait en bordure sur de vastes pelouses qui s'étendaient vers les glacis du Château-Trompette, jusqu'au bord de la rivière. Enfin, une double rangée de tilleuls — car à Bordeaux, jadis, on aimait les arbres — s'élevait à droite et à gauche des allées, procurant de frais ombrages aux promeneurs et encadrant des bouquets de leur verdure l'imposante silhouette du Grand-Théâtre. « Cette promenade était la plus belle que je connusse, » remarque Lorenz Meyer, rappelant ses souvenirs du premier voyage de 1783-1784.

Malheureusement, les choses étaient quelque peu changées en 1801. A la faveur du désordre des années précédentes, chacun avait construit à sa guise et d'infâmes baraques se dressaient maintenant pêle-mêle sur les belles pelouses d'autrefois; personne ne prenait plus soin des arbres de la promenade et presque tous dépérissaient : « On a profité de l'anarchie qui régnait en France pour bâtir sans la moindre règle et sans aucun plan la grande et belle pelouse longeant l'allée de Tourny et qui, libre et découverte jadis jusqu'au Château, embellissait tellement cette promenade. Des baraques, de misérables bâtisses, des écuries, des entrepôts y ont été construits d'une façon tout à fait incohérente et sans d'autre autorisation que celle que chacun s'est octroyée ou qu'il a obtenue par surprise. La belle et riante allée de Tourny ne se ressemble plus à elle-même; il n'y a plus de surveillance et les tilleuls périssent... »

Aujourd'hui, Meyer, que hantait le souvenir d'une promenade qu'il avait admirée dans des conditions particulièrement séduisantes, se déclarerait moins satisfait encore. Sans doute a-t-on reconstruit le côté nord des allées de Tourny et, cette fois, en suivant un plan, mais sans imposer pour les maisons une uniformité de style et de hauteur indispensable à l'harmonie d'un ensemble architectural destiné à mettre en valeur le Grand-Théâtre. Si bien qu'à part la belle maison construite par Louis pour le comte de Gobineau, et que des vandales viennent d'exhausser et de transformer en un « gratte-ciel » dont la cime se perd dans les éclairs

MAISON DE DANIEL-CHRISTOPH MEYER

CONSTRUITE SUR LES ALLÉES DE TOURNY EN 1796-1797

AUJOURD'HUI LE CAFÉ ANGLAIS

multicolores de réclames lumineuses, on ne voit que des constructions de style bâtard et d'inégale grandeur, qui forment une ligne irrégulière d'autant plus inesthétique que des différences de plusieurs mètres d'une maison à l'autre découvrent de longs pans de murs nus et rigides, chers aux afficheurs. Quant aux arbres, ils ont disparu, arrachés, depuis 1831...

Certes, nous ne demandons pas qu'on rebâtisse ni même qu'on « égalise » les maisons, mais pourquoi ne pas replanter les arbres ? La seule objection d'apparence sérieuse qu'on ait formulée contre cette restitution, c'est que les arbres masqueraient la vue des allées et celle du Grand-Théâtre. C'est là un contresens. Car ces arbres, en créant des plans successifs, contribueraient au contraire, et de la façon la plus heureuse, au jeu de la perspective. Du reste, nos devanciers, et en particulier Tourny, le propre créateur de ces allées, avaient, au moins autant que nous, du bon sens et du goût. Leur exemple offre peut-être assez de garanties pour qu'on ose le suivre. Ce qui importe, c'est de disposer ces arbres — qui pourraient d'ailleurs être maintenus à une hauteur déterminée et taillés en charmille comme jadis au Palais Royal — de telle manière qu'ils ne gênent point la vue. Et c'est là chose facile, car le terre-plein des allées est suffisamment spacieux pour qu'en mettant sur chacun de ses côtés soit une, soit deux rangées de tilleuls ou d'ormeaux, il reste encore au milieu une large avenue à l'extrémité de laquelle apparaîtra le Grand-Théâtre. Cette disposition offrirait même l'avantage de montrer l'œuvre de Louis autrement qu'on nous oblige à la voir aujourd'hui, c'est-à-dire profanée et déshonorée par de monstrueux panneaux-réclame qui souillent tout le quartier et préjudicient à la ville elle-même sans que personne songe seulement à dénoncer les malfaiteurs [1]. Ainsi less arbres égayeraient

1. Une loi du 8 juillet 1912, loi qui aurait dû les interdire au lieu de tendre indirectement — et inutilement — à les supprimer, frappe les panneaux-réclame d'un droit de timbre très élevé, presque prohibitif. Mais. illogisme et réticences qui ne sont point pour nous surprendre, cette loi ne vise que les panneaux-réclame, elle n'atteint pas les affiches opposées sur le mur d'une maison ou sur une clôture ! Bien mieux, elle n'atteint que les panneaux-réclame dressés « au delà d'un périmètre de 100 mètres de toute agglomération de bâtiments ou de maisons », c'est-à-dire à *la campagne* ! Ailleurs, tout est permis... Pourtant, s'il est dans l'intérêt de l'art et du pays lui-même, qu'on défende les sites pittoresques contre les dangers de l'affichage, la même protection s'impose à coup sûr au profit des villes pour la sauvegarde de leurs monuments et de

l'aspect des allées, mettraient leurs divers monuments en valeur, protégeraient la vue contre les affiches et feraient d'une esplanade inhospitalière une promenade ombragée et pleine d'agrément. Qui oserait s'en plaindre ?

Déjà en 1839, comme la suppression des arbres, qu'on avait dite provisoire, semblait devenir définitive, Bernadau, qui avait connu et apprécié pendant plus de cinquante ans les anciennes allées, en plaidait le rétablissement avec des arguments sans réplique :

Les allées de Tourny, formées de quatre rangs d'arbres bien distants des maisons qui les bordaient, se prolongeaient originairement depuis la porte de ce nom jusqu'à celle du Chapeau-Rouge. La moitié de ces allées fut détruite lorsqu'on construisit le Grand-Théâtre et le massif des maisons qui sont à la suite de cet édifice. Cependant, malgré sa mutilation, cette promenade était encore belle et très fréquentée, et rien ne semble excuser sa suppression, qui a été prescrite en 1831. On en abattit d'abord les arbres, sous prétexte qu'ils avaient besoin d'être renouvelés; puis on annonça qu'on ajournait à l'année suivante le rétablissement de cette promenade, pour l'ordonnance de laquelle on sollicitait l'avis des gens de l'art. Au centre d'un beau quartier, la vue d'un vaste terrain vide, qui, par sa singulière dimension, ne peut être considéré ni comme une rue, ni comme une chaussée dont l'élargissement devenait indispensable, fait désirer qu'on rétablisse enfin ces magnifiques allées que le seul nom du célèbre administrateur qui les a fait planter aurait dû préserver de la destruction [1].

Souhaitons que cet appel soit entendu de nos édiles.

A côté de cette fâcheuse modification des allées de Tourny, Meyer constata heureusement quelques transformations auxquelles l'aspect de la ville n'avait pu que gagner. Nous voulons parler notamment des rues qu'on venait de créer aux Chartrons et dans le voisinage même de Tourny, où tout un quartier neuf s'élevait sur

leurs perspectives architecturales. Elle s'impose même d'autant mieux, que par leur multiplicité, par leurs dimensions excessives, par leur cohésion avec tout ce qui les entoure et par leur obsédante vision, les panneaux-réclame sont encore plus odieux et plus intolérables à la ville qu'en rase campagne.

Quand les afficheurs, qui ne pourraient rien sans la complicité de certains propriétaires, seront-ils donc mis dans l'impossibilité de dégrader systématiquement nos rues et nos promenades et obligés de n'étaler leurs barbouillages qu'à des places déterminées ?

1. Bernadau, *Histoire de Bordeaux*, p. 106.

l'ancien emplacement du couvent des Jacobins. On y remarquait en particulier un marché, devenu le marché des Récollets actuel, un Vaux-hall et une nouvelle salle de spectacle, le Théâtre-Français, construit sur les plans de Combes. Meyer va nous en dire un mot après avoir salué la mémoire de Tourny :

L'intendant royal de Tourny, en souvenir duquel tout un quartier porte le nom, s'est rendu immortel par les embellissements qu'il a apportés dans Bordeaux. C'est lui qui fit élever, au siècle dernier, les plus beaux édifices de la ville, tels que la Bourse et l'Hôtel des Fermes; des places comme la place Royale (aujourd'hui de la Liberté), et ce long quai dont la ligne droite et l'uniformité de façade des maisons mirent Vernet au désespoir quand il fut chargé de peindre la vue de Bordeaux.

La ville s'est encore étendue depuis cette époque. De nouvelles rues, de nouvelles places, des quartiers entiers ont été bâtis, et on pousse toujours plus loin le plan des agrandissements. On a beaucoup construit aux Chartrons, mais davantage encore près de Tourny, sur l'emplacement de l'ancien couvent des Jacobins et des Franciscains. Plusieurs immeubles y sont déjà terminés, entre autres une salle de spectacle, le *Théâtre-Français*, qui est d'un style bizarre, un *Vaux-hall* et un *Lycée des sciences et des arts*. Les habitants ont déserté une bonne partie de la vieille ville, aux rues étroites et tortueuses. Tout le monde achète aux Chartrons ou à Tourny. Aussi, raconte-t-on que les propriétaires du centre ont protesté auprès du Préfet contre la création de rues ou de places nouvelles, et qu'ils se sont opposés à l'exécution du superbe plan d'après lequel on devait, conformément à une ordonnance royale, créer sur l'emplacement du vieux château Trompette plusieurs voies aboutissant à une place unique, appelée *Place Nationale*.

Bordeaux doit une de ses récentes améliorations à son ancien préfet, Thibaudeau, homme d'une grande activité, aujourd'hui conseiller d'Etat à Paris. Il a fait installer un grand marché sur l'emplacement qu'occupait auparavant le petit couvent des Carmélites. C'est un vaste quadrilatère entouré de quelques maigres piliers supportant des arcades. Le marché s'y tient une fois par semaine. Chaque genre de produits, chaque espèce de vivres occupent une boutique spéciale et sont annoncés à l'aide de petits écriteaux. Au centre du marché s'élèvent deux fontaines de jolies proportions en forme d'obélisques; elles rappellent à la fois le nom du fondateur et celui de l'architecte. On vante la construction de l'égout en pierre qui envoie les immondices à la Garonne.

Le projet de démolition du château Trompette et de construction d'une place monumentale n'était pas nouveau. Il remontait au moins à 1785, époque à laquelle Louis, après avoir obtenu, grâce à la protection de Calonne, une ordonnance royale qui prescrivait la démolition du château Trompette et en autorisait la vente, fonda une Société pour l'exploitation des terrains de la citadelle. C'est alors que le grand architecte conçut ce plan magnifique qui eût fait de Bordeaux une ville incomparable. Il consistait à prolonger, de la Bourse jusqu'aux Chartrons, la façade monumentale du quai des Salinières et à ouvrir au centre une place en demi-cercle à laquelle aboutiraient, par autant de portes en arc de triomphe, treize avenues portant les noms des provinces américaines. Une colonne surmontée de la statue de Louis XVI s'élèverait au milieu de la place qu'on appellerait pour cette raison *Place Ludovise*.

Par chauvinisme ou par dépit, les jurats, qui s'étaient déjà opposés, mais en vain, à ce que Louis fût l'architecte du Grand-Théâtre, lui préférèrent encore le Bordelais Lhôte. Finalement, on adopta le plan de Louis, et le chantier fut ouvert. Mais le manque de fonds d'abord, ensuite la chute de Calonne et toutes sortes d'intrigues ralentirent les travaux, en attendant qu'un arrêt du Conseil du roi, de 1787, les interrompît, et qu'un autre, de 1790, rapportant l'ordonnance de 1785, déclarât nulle la vente des terrains du château Trompette. Cette vente cependant fut à nouveau autorisée en 1795 par le Conseil des Cinq-Cents, et le projet de Louis préféré une fois de plus à celui de Lhôte. Tout semblait marcher à souhait quand survint le Dix-huit Brumaire, qui amena au pouvoir des hommes hostiles à Louis, lequel décédait le 2 juillet 1800.

Cette même année, le projet de construction de la place fut repris et un concours organisé. Le second prix fut décerné au Bordelais Combes [1], dont le plan, nous dit Meyer, était cependant très supérieur à celui présenté par l'architecte qui avait obtenu la première récompense :

Sur les trente concurrents pour les prix offerts par le Gouvernement

<hr>

[1]. Combes (Louis-Guy), 1754-1818, né à Podensac, architecte du département de la Gironde, a restauré Saint-André, bâti le Théâtre-Français, les maisons Meyer, Aquart (hôtel Sarget), le château Margaux, etc.

à ceux qui présenteraient les meilleurs plans, c'est Labarre, un jeune architecte de Paris, qui a obtenu le premier prix. Le second a été décerné à Combes, architecte du département de la Gironde. Une fois de plus, le *Jury des Arts* de Paris a commis une bévue en jugeant à la légère et sans connaître la disposition des lieux. Vienne le moment de faire les travaux et, sur les énergiques représentations du département, il faudra rabattre la décision du jury pour donner la préférence à Combes, dont le plan merveilleux sera exécuté tel qu'il est, sauf quelques légères modifications exigées par les besoins du port. Labarre a manifestement élaboré son projet à Paris, et sans plus connaître l'emplacement à bâtir qu'il ne connaissait les besoins d'une ville de commerce. Il a inventé une disposition de place en forme de cercle, absolument banale et où toutes les rues rayonnent autour d'un point central. Si l'on exécutait ce projet, la rivière se trouverait rétrécie par une digue inutile de quarante pieds de large, juste au seul endroit où peuvent mouiller les navires lourdement chargés. Le plan de Combes est au contraire original, majestueux et conçu avec autant de bonheur que de connaissance de l'architecture romaine. Ce que je lui reprocherais peut-être, c'est la part trop large que l'artiste y a faite à l'esprit et au goût des anciens pour ces sortes d'ensembles.

Et Meyer, un peu suspect dans son admiration pour Combes, qui se trouvait être l'architecte de la maison de son frère, sur les allées de Tourny, détaille alors avec complaisance ce fameux plan, qui comportait une arène avec un amphithéâtre, des péristyles, des jardins décorés de portiques à colonnes, la façade d'un temple consacré à la paix, des obélisques, des fontaines et jusqu'à des bains publics et une école de natation, c'est-à-dire beaucoup trop de choses à la fois pour que l'ensemble ne fût pas lourd et d'un goût douteux. Combien, dans l'harmonieux équilibre de ses lignes et dans la simplicité de son ordonnance, le projet de Louis était-il plus grandiose et plus plein de majesté !

Comme tous les étrangers, Lorenz Meyer est resté frappé de l'incomparable beauté du Grand-Théâtre, qu'il déclare « un des plus remarquables spécimens de l'architecture française ». A son tour, il a visité et décrit l'édifice dans tous ses détails, et comme il ne nous apprend rien de plus que ce qu'en a dit Mme de La Roche elle-même, si ce n'est qu'il y avait dans les combles du monument « six grands

réservoirs en maçonnerie toujours pleins d'eau en cas d'incendie »,
nous ne citerons que ce passage :

C'est au milieu du premier palier, à l'endroit où l'escalier se divise
en deux volées, que se trouve l'entrée de la salle. On y lit cette inscription : *Aux Muses françaises*, comme si la France avait des Muses
pour elle toute seule ! Lorsque l'empereur Joseph [1], à qui l'on repro-
chait de n'avoir rien trouvé de bien pendant son voyage en France,
pénétra dans la salle, il s'exclama : « Où sont donc les loges? Je n'aper-
çois que des tiroirs ouverts ! » Il y a du vrai au fond de cette plaisanterie. Car, entre les colonnes qui soutiennent le plafond tout autour
de la salle, les loges saillent et viennent en avant comme autant de
balcons isolés. La forme ovale et l'ensemble de la salle ont, du reste,
un aspect agréable et très élégant, et le coup d'œil de ces loges de
balcons garnies de dames est tout à fait charmant.

« Derrière la salle de spectacle, sur les bords de la Garonne, »
Meyer signale ensuite l'existence d'« établissements de bains d'où
l'on a une belle vue sur la rivière. Le plus récent a été construit
dans une sorte de style à la fois oriental, romain, chinois et gothique,
caractéristique de l'architecture française actuelle, et qui est un
défi porté aux usages et à toutes les règles en la matière. Pour ce qui
est de l'aménagement intérieur et de la propreté, il dépasse tout ce
qu'il y a de mieux dans le genre à Paris. » Ces bains, dits *Bains
orientaux*, étaient les seconds installés à Bordeaux, les premiers
remontant à 1763. Ils furent démolis en 1826, lors de la construction,
sur les Quinconces, des deux établissements qui ont eux-mêmes
diparu en 1892. On les aperçoit devant la Bourse, sur l'aquarelle
que nous reproduisons ici [2]. Leur style était d'un tel mauvais goût

---

1. Joseph II, empereur d'Autriche, frère de Marie-Antoinette, passa incognito à
Bordeaux, en 1777, sous le nom de comte de Falckenstein. C'est alors qu'il visita le
Grand-Théâtre sous la propre conduite de Louis, dont l'œuvre était à peine achevée.
Et c'est sans doute beaucoup moins pour la critiquer que par manière de plaisanterie
et parce qu'il se trouvait précisément en face de l'architecte lui-même, que Joseph II
se livra à la boutade dont il est ici question.

2. Cette aquarelle est de J.-B. Pelauque (1784-1852), secrétaire des Hospices et
chevalier de la Légion d'honneur, fils de J.-B. Pelauque, seigneur de Béraut, conseiller
du roi et député de l'élection de Condom aux États Généraux de 1789. Érudit et archéo-
logue distingué, J.-B. Pelauque, qui était aussi un artiste de talent, a laissé nombre
de dessins et d'aquarelles intéressant Bordeaux et le Sud-Ouest. L'illustration que
nous reproduisons ici est tirée d'un album appartenant à son petit-fils, M. Daniel
Mérillon, avocat général à la Cour de Cassation.

que le peintre Lacour fit à leur sujet une satire qu'on imprima et
dont voici le passage le plus intéressant :

> *Vous êtes connaisseur? Contemplez, citoyen,*
> *Cette architecture bâtarde,*
> *D'un ordre anticorinthien.*
> *Pot-pourri de Chinois, Français, Égyptien !*
> *Voyez-vous ce toit indien,*
> *Ce petit parasol, chapeau d'un prêtre Barde !*
> *Voyez ces pavillons que sans présumer rien,*
> *Le peuple a nommé corps-de-garde !*
> *Ces kamais de boudoirs, ces figures sans bras,*
> *Ces treillis, ce donjon; oh, quel galimathias !*
> *Ma foi, si c'est du goût, mieux vaut n'en avoir pas*[1].

Puis, notre voyageur décrit encore le Palais-Gallien, dont la
conservation des restes est due au préfet Thibaudeau, qui vient
d'arrêter l'œuvre de vandales occupés à le démolir, la Porte-Basse,
les Piliers de Tutelle, le Jardin-Public, enfin le couvent des Char-
treux, dont la chapelle est devenue l'église Saint-Bruno, et où l'on
a parqué six cents réfugiés de Saint-Domingue :

Ces malheureux, dit-il, arrivés ici entassés à fond de cale, ont reçu
asile derrière les murs vides du couvent. Ils sont entretenus aux frais
du Gouvernement. Dans l'ombre de cellules souillées d'ordures et dont
l'entrée principale porte encore cette devise terroriste : *Vivre libre
ou mourir*, ils vivent là comme des bêtes. Hommes, femmes et enfants,
blancs et noirs grouillent pêle-mêle. Quelques cellules moins sordides
sont occupées par des insulaires de race blanche avec leurs femmes;
ils exercent le métier de journaliers et suffisent à leurs besoins. Ils
bâtissent eux-mêmes leur cour à charbon (?) dont ils tapissent les
murs avec des images de piété. La plupart de ces réfugiés vivent
péniblement, et c'est tout juste si l'autorité, malgré ses prétentions à
l'humanité, ne les laisse pas mourir de faim. Ils se sont plaints d'être
restés plusieurs jours sans pain. Jamais je n'oublierai le navrant
spectacle de ces misérables couverts de haillons infects, ni le pénible
sentiment que j'éprouvai en face de mon impuissance à les soulager
et à les délivrer. Je ne pus m'empêcher de raconter à un fonc-
tionnaire ce que j'avais vu, mais il me répondit — on devait s'y
attendre — que cela ne le regardait point, que ce n'était pas de son
ressort...

1. Bibliothèque de Bordeaux. P. Lacour, *Recueil de poésies.* N° 1186.

Lorenz Meyer termine sa tournée des monuments par une visite aux moulins de Thaynac, construits aux Chartrons à l'endroit où s'est élevée plus tard la faïencerie Vieillard :

Durant un été dont la sécheresse avait amené l'arrêt des moulins et privé la ville de pain, Thaynac, un maître charpentier bordelais qui venait de gagner aux Indes une fortune considérable, conçut l'idée d'employer une partie de ses richesses à venir en aide à ses concitoyens. Il décida d'installer de grands moulins munis de vingt-cinq roues indépendantes les unes des autres et perpétuellement actionnées par le va-et-vient du flux et du reflux de la Garonne. A grands frais, on bâtit donc une solide minoterie ainsi qu'un canal en pierre de taille placé perpendiculairement à la rivière et se prolongeant jusque derrière les moulins où il alimentait un grand réservoir également en maçonnerie. Ce bassin devait se remplir au montant, puis, grâce à l'ouverture d'une vanne, se vider au descendant et maintenir ainsi les roues en mouvement. Malheureusement, l'entrepreneur n'avait pas suffisamment compté avec l'engorgement du canal. On ne s'aperçut de cette faute capitale qu'une fois les moulins achevés et mis en train... La vase charriée par les eaux de la Garonne boucha le canal, les moulins s'arrêtèrent, et il fut impossible de les remettre en marche. La foule des actionnaires s'est fatiguée de verser des fonds supplémentaires, l'entrepreneur est mort, et voilà dix ans qu'on a abandonné cette affaire qui doit bien avoir coûté quatre millions.

Je profitai de ma visite à ces moulins merveilleux pour aller jusqu'à l'extrémité des Chartrons. Cette partie de la ville est la plus belle et la plus séduisante par le panorama qu'elle offre. Au bord de la Garonne et sur une lieue de long s'étend une ligne de grandes maisons, d'entrepôts et de chais. On voit à découvert la moitié de ce port admirable qu'à raison de sa forme en demi-lune les Romains appelaient *Portus Lunae* : de l'extrême horizon, du côté de la mer, jusqu'au centre de la ville, à l'endroit où s'élève le palais de la Douane. Le reste est caché [1]. Au loin, sur le large fleuve, les navires, mouillés les uns derrière les autres, sont sur plusieurs rangs. Le va-et-vient continuel des bateaux, grands et petits, l'entrée et la sortie, toutes voiles dehors, des gros navires, le tumulte du chargement et du déchargement sur les quais, les manœuvres et les cris des matelots sur la rivière, — quel délicieux tableau sans cesse renouvelé par les effets de lumière qui changent à toutes les heures de la journée ! On dit qu'à Saint-Pétersbourg la vue de la rivière ressemble à celle de Bordeaux, mais il manque à la Néva les rives verdoyantes qu'on aperçoit ici de l'autre côté de la Garonne.

1. Par la pointe de Queyries.

J'ai eu aujourd'hui l'occasion de contempler ce paysage sous un aspect des plus saisissants. A la fin d'une journée de chaleur étouffante, où le thermomètre marqua 28° Réaumur [1], le ciel s'obscurcit tout à coup à l'horizon. D'épais et lourds nuages noirs s'élevèrent du côté de la mer et, toujours de plus en plus denses, s'amoncelèrent les uns sur les autres pour couvrir finalement de leur voile sombre les coteaux voisins. A la sinistre couleur du ciel s'opposa dans le fond la lueur éclatante des villages et des maisons de plaisance perchées sur la hauteur. Ces nuages d'orage paraissaient immobiles. Sur la rivière, tranquille elle aussi, car aucun souffle d'air n'en agitait la surface, les bateaux ne bougeaient pas. Calme et majestueuse, la nature fêtait le repos dominical... Longtemps, cet orage resta très menaçant. Puis, le rideau des nuages dépassa silencieusement le coteau, faisant la nuit sur la ville et sur toute la région. L'obscurité ne fut plus troublée que par de violents et lointains éclairs...

Très exactement renseigné par son frère, que les fonctions de consul ont dû mettre de façon toute particulière au courant de la question, Lorenz Meyer étudie ensuite la nouvelle organisation administrative et parle, chemin faisant, de Thibaudeau [2], le premier préfet de la Gironde, nommé en 1800 et récemment appelé à Paris comme conseiller d'État :

Les préfets ont un traitement relativement important. Mais souvent il arrive, par exemple à Bordeaux, qui est la seconde ville de France, que ce traitement, dont le chiffre s'élève à vingt-quatre mille livres, soit insuffisant pour permettre au représentant du gouvernement d'occuper ses fonctions avec dignité. On ignore si c'est pour ce motif ou à raison du secret mécontentement qu'il éprouvait des lenteurs du Ministère de l'Intérieur, que l'honorable Thibaudeau, précédent préfet de la Gironde, a sollicité sa révocation au bout d'une année d'exercice. Bordeaux a fait là une grande perte, car on ne peut comparer à Thibaudeau l'administrateur parfaitement honnête, sans doute, mais non moins indolent, embarrassé, indécis et timoré qu'est son successeur, Dubois, un ancien prêtre des Vosges. Son caractère, à tant de points de vue si différent de celui de son prédécesseur, ne saurait

1. 35° centigrades.
2. Thibaudeau (Antoine-Claire, comte), né à Poitiers le 23 mars 1765, décédé à Paris le 1er mars 1854; député à la Convention nationale, vota la mort du roi. Membre du Conseil des Cinq-Cents, Bonaparte lui fit, après le 18 brumaire, un accueil très flatteur, le nomma préfet de la Gironde, le 3 mars 1800, et, le 22 septembre suivant, conseiller d'Etat.

convenir aux exigences d'une ville aussi importante que Bordeaux.
Thibaudeau, qui n'était pas moins actif comme homme privé que
comme administrateur, était également très perspicace et savait
exécuter avec autant d'énergie que de décision le plan qu'il jugeait
le plus conforme aux intérêts du département. Il exerçait ses fonctions comme il croyait y être tenu dans la seconde ville de France,
c'est-à-dire avec éclat. Les réunions et les fêtes par lui organisées dans
son hôtel furent données avec la libéralité et toute la distinction d'un
homme du monde, la sollicitude d'un hôte aimable et toujours préoc-
cupé de bien recevoir ses invités. Comme administrateur, il s'est
souvent montré presque tranchant — c'est ce que j'appelle avoir de
la décision — mais, vu l'état actuel des choses, il est très excu-
sable. Voici un trait qui révéla bien, dès son entrée en fonctions,
sa volonté tenace et la fermeté de ses décisions. Il s'agit d'un ordre
donné par lui, ordre concernant sa vie privée seule et qui paraissait
n'avoir aucune importance, même à ses propres yeux, mais qui laissait
clairement augurer de ce qu'allait être son administration elle-même.
Le préfet avait été logé dans l'ancien hôtel de l'archevêché. Or, il se
trouvait que l'édifice communiquait avec le Palais de Justice par une
porte de la cour d'entrée. Aussi, pour se rendre au palais, tous ceux
qui s'occupent d'affaires, magistrats, avocats, les parties elles-mêmes,
en un mot la masse des gens, passaient-ils par l'entrée principale et la
cour de la Préfecture. Thibaudeau trouva cette organisation parfaitement gênante et désagréable. « Pourtant, s'exclama-t-il, le préfet
doit bien avoir le droit d'être chez lui ! » Et aussitôt il donna l'ordre
de murer la porte du Palais de Justice ouvrant sur la cour de la Préfecture, tandis qu'il en faisait percer une autre sur la rue longeant
la façade postérieure du palais. Inutile de dire que les présidents et
les juges ne trouvèrent pas à leur goût la fantaisie du préfet. Ils pro-
testèrent, mais ce fut en vain; on continua les travaux. Alors, ils
firent défense aux maçons de murer ou d'ouvrir aucune porte. A quoi
le préfet répondit en doublant le salaire des ouvriers et en leur ordon-
nant d'achever leur travail sous peine de prison. Cette fois, les magistrats en appelèrent à Paris, au tribunat, mais ils n'en reçurent jamais
de réponse. Pendant ce temps, on avait muré la porte de la cour et
ouvert celle de la rue.

La préfecture, en effet, n'était autre que l'ancienne demeure
du cardinal de Rohan, archevêque de Bordeaux de 1769 à 1781,
et celle de son successeur, Mgr Champion de Cicé, qui l'avait habitée
jusqu'à la Révolution. C'est aujourd'hui l'Hôtel de Ville, et ce que
Meyer appelait pompeusement le Palais de Justice, c'était l'aile

de l'édifice adossée à la rue Montbazon. Le Tribunal d'appel y avait été installé le 4 juillet 1800, le lendemain du jour où avait eu lieu l'installation du Tribunal de première instance dans la maison commune du Sud, à l'ancien collège de la Madeleine, aujourd'hui le Lycée.

A ce moment, l'organisation judiciaire, complètement remaniée depuis la suppression des parlements, laissait bien à désirer, et Meyer estimait avec raison qu'un de ses moindres inconvénients c'était l'insuffisance du traitement de la plupart des magistrats :

Chaque juge des tribunaux de district et d'arrondissement touche mille livres de traitement, dit-il. Et il faut qu'avec cela il fasse vivre sa famille, que pour cela il sacrifie sa vie à l'État ! Mais comment trouver des hommes à la fois assez besogneux et assez honnêtes pour accepter de pareilles fonctions? Que d'embûches tendues à l'intégrité des magistrats, quelle perpétuelle tentation pour les parties de chercher à corrompre la justice ! Les juges de première instance touchent deux mille cinq cents livres de traitement et ceux du Tribunal d'appel quatre mille. On attend avec impatience l'achèvement du nouveau Code civil ainsi qu'un Code du Commerce et de la Marine, code tout à fait indispensable dans une grande ville comme Bordeaux, où il manque cependant d'une façon totale.

Les deux salles du tribunal, dont l'une est pour le civil et l'autre pour le criminel, ont été construites par l'architecte Combes dans un style plein de noblesse. Les magistrats siègent dans une alcôve voûtée, sorte de grande niche aux murs bleu foncé et décorés à l'antique. Cette disposition est peu agréable pour les orateurs, car leur voix se perd dans la voûte et devient à peine intelligible. Les juges portent une robe noire ornée de parements bleu clair. Les avocats sont assis devant eux en demi-cercle; ils n'ont pas de robe.

Lors de sa visite au Tribunal, Lorenz Meyer eut la bonne fortune d'y entendre deux gloires du barreau girondin, Ravez[1], encore tout jeune, et Lainé[2], le futur ministre de la Restauration :

Bien que je n'aie pas eu la chance, dit-il, d'assister aux débats de

1. Ravez (Auguste-Simon-Hubert-Marie), né à Lyon le 10 octobre 1770, mort à Bordeaux le 3 septembre 1849; premier président dans cette ville, conseiller d'État et pair de France, « célèbre par la gravité de sa prestance et l'ample beauté de son organe ».

2. Lainé (Joseph-Henri-Joachim), né à Bordeaux le 11 novembre 1767, mort à Paris le 17 décembre 1835; député au Corps législatif de 1808 à 1814, membre de

quelque cause célèbre, j'ai eu du moins l'occasion d'entendre plaider,
et dans une affaire de médiocre importance, beaucoup mieux qu'on
ne plaide à Paris. C'était le jeune avocat Ravez et son adversaire
Laîné qui discutaient une question de droit maritime. Ils par-
laient de façon remarquable, s'exprimant avec autant de clarté que
d'esprit et d'autorité. On raconte que Ravez étant allé plaider dans
la capitale, son éloquence et sa science du droit produisirent une telle
impression qu'on lui fit les offres les plus séduisantes pour qu'il restât
défendre les corsaires. Mais Ravez n'accepta point et je ne l'en estime
que davantage d'avoir refusé.

Aux dires de Meyer, l'instruction publique n'est pas mieux organisée que l'administration ou la justice; tout marche cahin-caha
et la situation n'est pas près de s'améliorer, tellement est grand le
mal à réparer :

Il y en a pour longtemps avant d'obtenir un résultat quelconque,
tant est indescriptible le chaos qu'il s'agit d'ordonner. Le gouvernement promet aux instituteurs soit un appartement avec jardin, soit
un traitement fixe. Mais il ne leur donne ni l'un ni l'autre. Aussi ceux
qui consacrent leur vie à faire péniblement l'éducation des enfants
manquent-ils des choses de première nécessité, même de pain, ce qui
fait que souvent on ne trouve pas d'ouvriers pour faire semblable
travail. Cette désorganisation de l'école primaire et ce manque d'instruction publique produisent déjà leurs effets et jettent un triste jour
sur la nouvelle génération. Les petits fonctionnaires se plaignent des
difficultés qu'ils éprouvent à trouver comme garçons de bureau et
comme scribes des jeunes gens sachant lire et écrire. C'est que l'en-
fance de ces jeunes gens, qui ont de quatorze à seize ans, correspond
précisément à l'époque révolutionnaire et à l'anarchie qui régnait
alors. Faute d'avoir donné l'instruction primaire aux jeunes citoyens,
la France risque maintenant de traverser une période de barbarie.

Des écoles centrales ont été ouvertes dans les principales villes de
province. On leur a attaché des maitres choisis par un jury formé
dans chaque département et qui ont le titre de professeur. Leur traitement est de trois mille francs, mais on n'est jamais pressé pour le
leur verser. C'est que l'argent volé aux congrégations a été dilapidé,
et comme il ne peut plus servir à payer les professeurs, on prélève
les émoluments de ceux-ci sur des impôts *ad hoc*, ici, par exemple,

<hr>

l'Académie française, ministre de l'Intérieur de 1816 à 1818, sortit du ministère aussi
pauvre qu'il y était entré. Malgré sa modeste situation pécuniaire, il envoyait, du temps
qu'il était député, son traitement de 10,000 francs aux indigents de Bordeaux.

sur l'impôt des vendanges. Malheureusement, cet impôt rentrant lui-même avec difficulté, il s'ensuit que les professeurs sont payés en retard, ou qu'ils ne sont pas payés du tout... Ces écoles centrales sont peu fréquentées. Cel'e de la Gironde, malgré l'étendue et le chiffre de la population du département, compte à peine quatre cents élèves.

Si l'on entreprend de réorganiser l'instruction publique, la première chose à faire sera d'assurer le fonctionnement de l'école centrale en lui procurant tous les moyens d'enseignement nécessaires. Aux professeurs de physique, à ceux d'histoire naturelle, des sciences mathématiques et des arts, il a manqué jusqu'à présent des appareils, des collections, des antiquités et des œuvres d'art. Paris possède tout cela en telle abondance qu'on fait là-bas à peine attention à beaucoup de choses qu'on regarderait ici comme des trésors. On refuse aux professeurs ces moyens d'enseignement même quand ils les réclament. « Que voulez-vous, répondait d'une façon édifiante un administrateur du Muséum de Paris à un professeur de la ville qui lui adressait une demande à ce sujet, que voulez-vous faire d'œuvres d'art à Bordeaux ? Restez donc avec votre sucre et avec votre café ! » Quoique le ton en fût plus doux, cette réponse était le digne pendant de celle que fit le Tribunal révolutionnaire au malheureux Lavoisier demandant qu'on le laissât vivre encore un jour pour achever une importante découverte : « La République a besoin de canons, mais pas de savants ! »

L'anarchie n'est pas moindre en ce qui concerne le culte. Le schisme est à son apogée et on ne tente rien pour prévenir ni pour réprimer les désordres qu'il occasionne journellement :

Quant à l'exercice du culte et à ses ministres dissidents, on n'a établi, ici comme partout ailleurs, aucun *modus vivendi*. Il faudra pourtant bien, un jour ou l'autre, que le gouvernement prenne une décision et qu'il mette un terme aux protestations et à l'effervescence qui agitent le pays, en vidant la querelle des prêtres constitutionnels et des insermentés. A Bordeaux, la classe bourgeoise est demeurée fidèle à ces derniers. Le peuple et les paysans des alentours sont au contraire restés attachés aux autres. Chacun des deux partis va à la messe de son prêtre respectif. Il n'y a en ville qu'une église, la cathédrale Saint-André, où un prêtre assermenté dise la messe, et seulement le dimanche. C'est là que vont les gens du peuple. Le nom de *temple décadaire* n'est déjà plus une recommandation pour cette église, car on y a célébré un *simultaneum* républicain. Un tiers de la nef a été entouré d'une grille. C'est à l'intérieur de cette enceinte qu'ont lieu les fêtes républicaines, que les discours sont prononcés et les lois promulguées. Cette séparation constitue à elle seule le *temple de la loi* [1].

Les prêtres insermentés disent la messe dans les autres églises, où vont prier les bourgeois de la ville.

A la campagne, les prêtres assermentés, qui sont les plus nombreux, font pression sur l'esprit du paysan, lui prêchent l'intolérance contre ses frères dissidents et contre les propriétaires. Mais la prudence et la circonspection n'empêchent pas ceux-ci de se faire dire la messe par un prêtre insermenté dans la chambre habitée par lui dans une maison du village, de s'y confesser, de s'exposer et d'exposer leur directeur de conscience aux huées de la populace. Les prêtres insermentés trouvent leur vengeance dans les vexations que les paysans font subir aux propriétaires, dans les réclamations relatives aux domaines, dans les menaces faites aux prêtres insermentés, et dans les propos alarmants qu'ils tiennent eux-mêmes en chaire et à l'autel. Le temps est proche où les réfractaires devront céder la place aux autres et où ils seront chassés du pays. On se figure alors si les esprits simples seront molestés et si l'on inquiétera les propriétaires. Le préfet, toujours timoré, ne fait rien pour protéger ces derniers. Il a peur de se compromettre auprès du gouvernement. A ceux qui lui portent leurs doléances, il fait cette réponse évasive et digne de l'oracle de Delphes : Faites ce que la prudence vous commandera...

Dans certaines régions, les prêtres constitutionnels luttent avec encore plus d'acharnement contre les autres prêtres et contre tout ce qui n'est pas conforme au principe républicain. Les deux partis ne sont d'accord que lorsqu'il s'agit d'encourager le peuple à la superstition. J'ai vu, dans le village de Blanquefort, en Médoc, le jour de la fête de Saint-Roch, leur patron, des bœufs de labour landais aller à l'église accompagnés de leurs conducteurs en habits des dimanches. Le prêtre constitutionnel bénissait alors les bœufs, les aspergeait d'eau bénite et, la cérémonie terminée, renvoyait les bêtes à l'étable. Les gens de la ville sont moins attachés à ces chinoiseries et ils s'émancipent jusqu'à s'oublier par trop à l'égard du chef lui-même de l'église. Sur l'allée de Tourny, des gamins vendaient, ces jours-ci, la lettre que le concile de Paris vient d'adresser au pape Pie VII. Deux vendeurs se rencontrèrent. L'un d'eux criait : « Voilà la lettre du concile national de France à notre *Saint*-Père le pape Pie VII... ! » — « Dis donc notre *Cher* Père, » lui riposta l'autre. Mais le premier en tenait

---

1. « On a séparé ce local du reste de l'église par une clairevoie. Il est décoré de peintures patriotiques comme des décorations d'opéra. Tous les fonctionnaires sont assis dans des sièges élevés, comme des sénateurs. On trouve toutes ces peintures mesquines et sans goût. Cependant, cela coûte 12,000 francs. » Bibl. de Bordeaux. Bernadau, *Tablettes*, t. VII, p. 417.

pour son *Saint*-Père et il le cria encore plus fort. Un portefaix, qui passait par là, se mit alors à le contrefaire et lui dit, en accompagnant ses paroles d'un abominable juron : « Tais-toi, coquin, avec ton Saint-Père, c'est un ... »

Par contre, Meyer vante l'excellent fonctionnement d'une institution récente, à laquelle la Révolution n'a porté aucune atteinte, et qui continue à produire de prodigieux résultats : c'est l'institution des Sourds-Muets. Il va en visiter l'établissement sous la conduite éclairée d'un de ses administrateurs, le grand Martignac [1], ancien avocat au Parlement de Bordeaux :

Une institution vraiment philanthropique, c'est l'institution locale des Sourds-Muets. La valeur de ses professeurs et le nombre de ses succès permet de la comparer à celle de Paris. Elle a été fondée par Mgr de Cicé, l'ancien archevêque, et organisée par Sicard [2], venu tout exprès de Paris. Ces sortes d'institutions existaient depuis plusieurs années déjà, quand l'Assemblée Nationale décréta qu'il n'y en aurait plus que deux en France, l'une à Paris, l'autre à Bordeaux. Celle de Bordeaux est administrée par cinq bourgeois de la ville, et le nombre des élèves en est limité à soixante. Actuellement, on n'en compte que cinquante et — que les dames remarquent bien cela — il y a, sur le nombre, huit femmes muettes... Un maître principal et un adjoint, deux maîtres en second et deux maîtresses se partagent l'enseignement. Tous remplissent avec un réel dévouement leur tâche ingrate et infiniment méritoire. D'après les règlements, le séjour des élèves dans l'institution dure cinq ans.

Outre l'instruction générale et l'enseignement mécanique du langage à l'aide de signes conventionnels, on enseigne aux sourds-muets les six métiers de menuisier, de charpentier, de serrurier, de tourneur, de cordonnier et de tailleur, afin que plus tard ils puissent gagner leur vie. A leur sortie, quelques sujets d'élite ont été placés dans des maisons de commerce. L'un d'eux, entre autres, est entré ici dans le bureau de son père où il fait les correspondances française, anglaise et allemande. Parmi les cinq administrateurs de l'Institut, figure

---

1. Martignac (Léonard de Gaye de), né à Brive en 1742, mort à Bordeaux en 1820; d'abord lieutenant au régiment de Flandre, puis avocat à Bordeaux et jurat de cette ville, il fut élu bâtonnier de l'Ordre à la réorganisation du barreau, puis nommé conseiller à la cour en 1816. Ayant été, comme membre de la Jurade, appelé à condamner Lacombe pour escroquerie, on sait que c'est lui qui rappela devant le Tribunal révolutionnaire où il était traduit la honte de son président, et qu'il fit ainsi guillotiner Lacombe à sa place.

2. Sicard (Roch-Ambroise de Cucurron, dit l'abbé), 1742-1822, chanoine de Saint-Seurin, dirigea l'hospice des sourds-muets de Bordeaux à la mort de l'abbé de l'Épée.

l'ancien avocat au Parlement, Martignac, un des citoyens les plus considérables et les plus respectés de Bordeaux. J'ai accompagné cet homme éminent dans une de ses tournées d'inspection hebdomadaire, et j'ai pu constater que ses pupilles, qui ne sont plus bien à plaindre, le chérissaient comme un père : *Hic amat dici pater !*

Il faut avoir vu soi-même un établissement de ce genre, pour comprendre l'émotion que j'éprouvai pendant les deux heures que j'y restai, et la part que je pris au sort de ces pauvres enfants que les soins et l'éducation ont cependant bien soulagés. Je ne puis analyser ici les sentiments qui ont été les miens, pas plus que je ne puis exposer le plan et la méthode de l'enseignement délicat qu'on donne aux élèves, ou bien encore suivre chez ceux-ci le processus secret d'un développement intellectuel qui varie, du reste, d'un individu à l'autre. Je peux seulement parler des résultats tangibles de l'enseignement reçu, c'est-à-dire des progrès faits par les élèves dans leur façon de percevoir les idées d'autrui, dans la facilité plus ou moins grande qu'ils ont acquise pour les comprendre et, à ce sujet, je citerai deux faits dont je fus le témoin.

Un nommé Salcède, garçon d'une dizaine d'années et qui ne prend de leçons que depuis dix-sept mois, était particulièrement surprenant. Ce sourd-muet saisissait avec toute la vivacité d'un enfant supérieurement organisé les idées qu'on lui transmettait par gestes ou par écrit, puis, il faisait au maître des réponses aussi claires que précises qu'il écrivait sur un tableau. Je posai, alors, moi-même une question écrite à un élève plus âgé. En supprimant une lettre, j'avais donné un double sens à certain mot. L'élève me regarda, me montra le mot de l'air de quelqu'un qui doute, puis, ayant remplacé la lettre qui manquait, il me demanda s'il avait bien compris. Je lui fis signe que oui, et immédiatement la réponse suivit, détaillée, motivée et parfaitement correcte. A son tour, mon sourd-muet entreprit alors de me demander : « Qui êtes-vous ? D'où venez-vous ? » et ainsi de suite. J'écrivis : *de Hambourg — homme de lettres*. Il parut étonné que j'eusse fait un aussi lointain voyage de cette *ville commerçante sur l'Elbe, en Basse-Saxe, Allemagne,* mots que j'ajoutais au-dessous de ma réponse. Il ne saisit pas bien cet *homme de lettres*. Il réfléchit et hocha la tête d'un air de mauvaise humeur. Je pris alors la craie et mis au-dessous le mot plus courant de *savant*. Il se frappa le front comme quelqu'un qui s'étonne de n'avoir pas compris plus tôt. « D'où venez-vous, à présent ? » continua-t-il. — « De Paris. » Son visage s'éclaira et la joie se peignit dans ses yeux. J'avoue que je n'y étais pas du tout. Lorsqu'il se mit tout à coup à écrire : « Connaissez-vous notre Bonaparte ? » — « Je le connais et je l'admire, » lui répondis-je à mon tour par écrit. Et il me serra alors la main avec une véritable émotion.

Lorenz Meyer, que ne rebute l'ingratitude d'aucun sujet, parle ensuite des droits fonciers et mobiliers, des droits somptuaires, mais surtout des droits d'octroi, qu'il dénonce comme les plus écrasants de tous. Sans doute les connaît-il de façon toute particulière, car son frère, propriétaire à Blanquefort, s'en sera plaint amèrement pour en avoir été, tout le premier, la victime :

De tous les impôts qu'il faut acquitter, dit-il, les droits d'octroi sont ceux dont l'abus est le plus criant. Les propriétaires des environs sont tracassés sans cesse et écrasés de droits pour tous les produits, quelle qu'en soit la nature, qu'ils introduisent en ville. Il leur en faut payer jusqu'à douze et quinze pour cent de la valeur. Ainsi, une charrette de foin du prix de vingt-quatre livres environ, paie trois et quatre livres de droits. Les bœufs gras sont taxés, eux aussi, ce qui est assez juste. Alors il arrive qu'un paysan, pour éviter les droits, entre en ville sur une charrette traînée par des bœufs, et qu'après avoir vendu ceux-ci, il sorte avec le même véhicule attelé, cette fois, de chevaux. Mais, au lieu de guetter les fraudeurs, de les frapper d'amende, et de déjouer leurs stratagèmes par des moyens divers, on oblige les négociants les plus honorables et les plus connus à consigner à l'octroi une somme de trente-six livres, chaque fois qu'ils font entrer comme propriétaires des véhicules attelés de bœufs. Il est vrai que si les bœufs ressortent, on vous rend l'argent, mais c'est toujours avec les plus grandes difficultés.

Lorenz Meyer, *homme de lettres*, et même *savant*, ainsi qu'on l'a vu s'intituler lui-même, faisait, à l'exemple de Mme de la Roche, partie de l'Académie de Bordeaux. Il en avait été reçu comme associé au cours même de son voyage, et le choix n'était pas moins flatteur pour l'Académie que pour son nouveau membre. Meyer n'en fut que plus facilement introduit dans les milieux savants, que mieux accueilli par tous ceux qui s'occupaient d'art et de littérature. On lui fit faire le tour des diverses sociétés; on lui présenta l'architecte Combes et le peintre Lacour; il visita les tombeaux des grands hommes, les curiosités archéologiques et les collections particulières. L'activité intellectuelle, un instant ralentie par la Révolution, semblait prendre un nouvel essor, et Meyer parut s'étonner de la trouver aussi grande dans une ville de commerce :

A Bordeaux, dit-il, la culture intellectuelle semble moins négligée que dans la plupart des villes de commerce. L'esprit mercantile y pèse moins à la livre les fruits de la science; il mesure moins la littérature à l'aune ou d'après le prix courant des marchandises; il considère moins les savants et les artistes comme des choses inutiles ou qu'on peut se procurer facilement et à bon marché. J'ai entendu, ici même, se plaindre de cette mentalité fâcheuse, mais je ne saurais dire si le reproche est mérité ou dû seulement au besoin de critiquer et à l'excessif orgueil des milieux savants.

Bordeaux compte plusieurs Sociétés savantes : Société des Sciences, Société de Littérature et des Beaux-Arts, Société de Médecine. L'on est en train d'en créer une nouvelle, celle du Muséum d'Instruction publique, qui sera subventionnée par des négociants.

La Société des Sciences, une fille de l'Institut national de Paris, a été fondée sur le modèle de celui-ci en l'an six républicain (1798). Elle compte soixante-dix membres résidants et douze associés étrangers (j'ai l'honneur d'être un de ces associés; on m'a envoyé mon diplôme depuis que j'ai quitté Bordeaux). Les membres sont divisés en vingt catégories de travailleurs, correspondant aux différentes branches des sciences et des arts. Ils se réunissent une fois par décade dans l'ancien hôtel de l'Académie et s'occupent soit de travaux personnels, soit de l'encouragement aux arts et aux sciences, soit de questions intéressant la ville, car celle-ci ne dédaigne pas de les consulter. Le bel immeuble qui sert de lieu de réunions à cette Société, ainsi, du reste, qu'à la Société de Médecine, est situé sur l'Allée de Tourny, où se trouve également la Bibliothèque nationale. C'est l'ancien hôtel de J.-J. Bel, conseiller au Parlement de Bordeaux, mort en 1738, lequel a légué à l'Académie, en même temps que sa demeure, sa bibliothèque et une collection d'histoire naturelle. La bibliothèque contient environ trois mille volumes. En souvenir de sa libéralité, on a placé le portrait de ce patriote, avec une inscription au-dessous, dans la salle où se trouve la collection d'histoire naturelle, collection du reste peu importante. On voit aussi dans cette salle, sur un petit socle, le très remarquable buste en marbre d'un concitoyen de J.-J. Bel, le président de Montesquieu, par Lemoyne. Le préfet Thibaudeau a fait installer dans la grande salle des réunions le monument de Montaigne, qui était autrefois dans un coin obscur d'une chapelle de couvent. C'est un sarcophage de grès, dans le mauvais goût du xvie siècle, n'ayant comme forme ou comme exécution aucune valeur artistique, et sur lequel Montaigne gît, revêtu de son armure. Tout autour ont été disposés nombre de fragments archéologiques et d'inscriptions découvertes dans la région.

Les salles de l'Académie n'avaient guère changé de physionomie depuis la visite de Mme de la Roche, en 1785. Elle aussi y avait vu le portrait de J.-J.-Bel, aujourd'hui disparu avec ceux de Galilée, de Gassendi et de Newton; le buste de Montesquieu, actuellement à la bibliothèque de la ville, et cette même collection d'histoire naturelle où figurait ce monstrueux requin qui avait tant impressionné la voyageuse. On voyait cependant quelque chose de nouveau dans la grande salle des réunions : le mausolée de Montaigne que le préfet avait eu la déplorable idée d'enlever à la chapelle des Feuillants, au mois de septembre 1800. Idée déplorable, parce qu'à moins de nécessité l'on n'a pas le droit de troubler le repos des morts, ni même de violer la pieuse volonté de ceux qui ont élu ou pour qui d'autres ont choisi un lieu de sépulture; parce que encore, arracher un tableau, une statue ou un monument quelconque à l'ensemble pour lequel ils ont été créés, c'est commettre un contre-sens qui intéresse à la fois l'art, l'archéologie et l'histoire. Et, en l'espèce, les conséquences de cette faute furent d'autant plus fâcheuses et ridicules que, sous le cénotaphe où chacun pensait saluer les restes vénérés de Montaigne, reposait le corps d'une femme, celui de Jeanne de Lestonnac[1]... ! A la chapelle des Feuillants, où elle aussi dormait en paix, on avait confondu son cercueil avec celui de l'auteur des *Essais*. L'erreur fut découverte un peu plus tard, en 1803[2], et le tombeau de Michel Montaigne, que, trois ans plus tôt, on avait transporté en grande pompe, au son de la musique et sur un char traîné par quatre chevaux, reprit, sans tambour ni trompette cette fois, le chemin des Feuillants d'où il n'aurait pas dû sortir[3].

1. Lestonnac (Jeanne-Marie de), née à Bordeaux en 1556, mariée en 1572 au marquis de Montferrand, morte en 1640 dans le couvent des filles de N.-D. qu'elle avait fondé.

2. Dissertation d'un membre de l'Académie des Sciences, Belles-Lettres et Arts de Bordeaux, lue en séance publique le 10 mai 1803 (Malvezin, *Michel de Montaigne*, p. 180).

3. Le couvent des Feuillants, ordre de Saint-Bernard, se trouvait à l'extrémité sud de la rue des Ayres. Il remontait à 1589. Occupé en partie au XIXe siècle par le Lycée, il fut transformé en école de filles vers 1881. A cette époque, les cendres de Montaigne furent exhumées et portées au dépositoire de la Chartreuse. Elles y restèrent jusqu'au 11 mars 1886, date à laquelle on les déposa dans le vestibule de la Faculté des Lettres, sous le mausolée qui venait d'être restauré. Comme, aux dires de Mme de La Roche, ce mausolée était encore absolument intact en 1785, il est probable qu'il avait été dégradé sous la Révolution ou bien pendant l'incendie du 30 mai 1871, qui ruina la chapelle où il se trouvait. M. Venturini, sculpteur, de qui nous tenons ces renseignements, a refait la pleureuse antérieure, la tête d'angelot et le blason armorié du côté gauche, ainsi que nombre de moulures.

Ce mausolée, fait en pierre de Crazannes, n'est évidemment pas un type parfait de sculpture de la Renaissance. Il date de 1593 et a toutes les lourdeurs d'une époque de transition. Mais il est loin de mériter la trop sévère appréciation portée sur lui par Meyer, qui, du reste, a englobé dans son mépris le XVIe siècle tout entier.

La Société dite du Muséum d'Instruction publique, dont Meyer
vient de parler, fut inaugurée l'année suivante, le 30 frimaire
an X, dans un local que Goethals[1], son véritable fondateur,
avait fait bâtir sur les plans de Combes. Ce local, situé rue Mably,
prit plus tard le nom d'*Athénée*. Il sert actuellement de salle des
ventes :

Le *Muséum d'Instruction publique*, qui vient d'être installé dans un
immeuble construit exprès, promet de rendre les plus grands services.
On l'ouvrira bientôt. Il a pour fondateurs deux actifs citoyens, Goethals et Rodrigues, qu'on a mis à la tête de l'Institut. L'autorité leur
a donné son approbation, mais elle ne leur a pas accordé de subven-
tion. Une assez importante collection d'histoire naturelle et d'objets
d'art, réunie par ces messieurs, a été exposée dans une salle fort bien
aménagée à cet effet et très élégamment décorée. Outre le but d'intérêt public qu'on s'est proposé, on veut créer un lieu de rendez-vous
des amis des sciences en mettant à leur disposition un salon de lecture.
On pense organiser aussi, au profit des membres souscripteurs pour
une année, des cours scientifiques, élaborer des travaux divers et
publier une histoire naturelle du département de la Gironde, une
histoire de la littérature et des mœurs du pays, ainsi qu'une revue
périodique des lettres et des arts. Le Muséum servira en même temps
de maison d'éducation gratuite pour douze jeunes gens d'élite, et les
artistes y exposeront leurs œuvres. On décernera des prix. Tout est
parfaitement organisé et les fondateurs sont vraiment dignes du
sérieux concours qu'ils ont trouvé partout. J'ai vu dans la maison
de M. Goethals un bon commencement de collection d'histoire naturelle, de peintures et d'objets d'art qu'il destine au Muséum.

Parmi les rares peintres qui vivaient alors à Bordeaux, Lacour,
qu'on présenta à Meyer, était à peu près le seul qui eût quelque
talent. Leupold avait disparu depuis 1795 et Lonsing depuis 1799.
Cependant, Lacour végétait, et Meyer raconte que son pinceau ne
rapportait à l'artiste même pas de quoi vivre :

A Bordeaux, observe-t-il, l'art meurt de faim. Du reste, il est rare
que les villes de commerce entretiennent les grands artistes; elles ne les
font vivre qu'un moment. Il n'y a guère que les peintres de portraits
qui gagnent autre chose que du pain sec. Bordeaux n'a pas échappé

1. Goethals (Jean), amateur éclairé des beaux-arts et grand collectionneur, né à
Courtrai en 1760, fixé vers 1780 à Bordeaux, où il est décédé en 1841.

à la règle. Un seul peintre distingué et que j'admire parce que c'est un artiste qui pense, Lacour, vit ici, mais s'il vit c'est grâce à ses ressources personnelles bien plus qu'à l'aide du produit de son travail. Il possède en histoire ancienne et en histoire moderne, de même que dans les langues étrangères, des connaissances exceptionnelles. C'est un spécialiste de la peinture d'histoire et du paysage. Si ses toiles sont d'un coloris peut-être un peu froid, elles n'ont pas, en tous cas, les défauts de l'école française. Elles sont composées avec autant d'esprit que d'intelligence et portent bien l'empreinte de cette école de Rome à laquelle a été formé Lacour. Son mérite est d'autant plus grand que, dans ce milieu si peu favorable à l'art, il doit tout tirer de lui-même; qu'il vit loin des chefs-d'œuvre des grands maîtres étrangers et des connaisseurs qui pourraient lui faire utilement la critique de ses travaux. Ce qu'il y a de sûr, c'est qu'il ne recueille pas le fruit de son labeur, car il n'y a personne, ici, qui recherche ses œuvres et qui les paie. Expérience décevante qu'ont faite aussi et que font encore beaucoup de nos bons artistes en Allemagne. Sous la Terreur, le malheureux maire Saige, ami des arts et protecteur de tout ce qui était beau et utile, avait commandé à Lacour toute une suite de grandes compositions tirées de l'histoire grecque, de l'histoire romaine et de l'histoire de France. En rémunération de ce travail, Saige avait promis à l'artiste, outre ses honoraires, une rente annuelle de 1,200 livres... Vaine espérance ! Lacour travaillait au dernier de ces tableaux quand la tête de Saige tomba sous le couperet de la guillotine. Ces peintures, fort bien composées, sont encore accrochées au mur chez Lacour; elles y sont les tristes témoins de toutes les déceptions de l'artiste et ceux d'une époque abominable.

A en juger par celles que nous connaissons, ces peintures, au nombre de neuf, n'étaient pas des morceaux de premier ordre. Nous qualifierons volontiers leur style de « pompier ». Mais, ce qui nous déplaît en elles faisait précisément le charme des partisans de la nouvelle école, et il était naturel que ceux qui admiraient alors le genre gréco-romain mis à la mode par David, n'eussent pas, comme Meyer, assez de mépris pour « les fautes de l'école française ».

Vers 1803 ou 1804, Lacour voulut vendre ces tableaux au Conseil départemental pour meubler l'ancien hôtel Saige, devenu celui de la Préfecture. « Si la rente, écrivait Lacour, que M. Saige devait me faire était accumulée, elle s'élèverait à 15,000 livres, sans préjudice d'une gratification de 6,000 livres que M. Saige, m'avait promise,

et qu'il eût certainement acquittée. Loin de prétendre à tout cela,
je me réduis à 12,000 livres, prix le plus modique qu'il soit d'établir,
mais qui me ferait placer mes tableaux dans un endroit public
et permanent [1]. » Malheureusement, Lacour dut garder ses peintures
qui, depuis, ont été dispersées.

Malgré cet insuccès, et quoi qu'en dise Meyer, Lacour, qui fut
un peintre très prisé et très choyé des Bordelais — sauf peut-être
durant les années de trouble qui marquèrent et suivirent la Révolution, — Lacour trouva dans l'exercice de son art autre chose
que la misère. Lui-même le dit bien dans l'épitaphe qu'il s'était
composée et dont voici la dernière strophe :

> *J'ai vécu mes quatre saisons,*
> *Longue et belle fut ma carrière,*
> *Comblé d'honneurs, chargé de dons,*
> *Je suis rentré dans la poussière [2].*

D'ailleurs, comment Lacour n'aurait-il pas réussi dans une ville
d'un pareil luxe, où l'or coulait à flots et où, pendant plus d'un
demi-siècle, l'art venait de se manifester avec une extraordinaire
intensité et sous les formes les plus diverses? Les amateurs bordelais ne s'étaient même pas contentés de demander leur portrait
à Lacour ou de lui faire décorer leur hôtel de grisailles, voire de
sujets d'histoire dans le goût de ceux commandés par Saige; ils
avaient réuni chez eux nombre d'œuvres de maîtres anciens et
modernes, et entre autres collectionneurs dont il a visité la galerie,
Meyer cite Journu-Auber, Möller et Bernard :

On voit ici deux collections qu'il convient de mentionner d'une
façon toute particulière : celle du négociant et sénateur Journu-Auber [3]
et celle du négociant Möller, un Allemand. La première renferme un
choix de tableaux de chevalet par Peter Neef, Van der Meulen, Van
de Velde, Greuze, Dietrich, Batoni et autres. De Batoni, Journu
possède *la Mort d'Antoine*, connue par la gravure de Wille, et, de
Vernet, *les Quatre heures de la journée*, quatre peintures incomparables,
exprimant bien la puissante facture et le style enchanteur et troublant

1. Bibliothèque de Bordeaux, Pierre Lacour, *loc. cit.*
2. Bibliothèque de Bordeaux, Pierre Lacour, *loc. cit.*
3. Journu-Auber, comte de Tustal (Bernard), 1745-1815, armateur, député de la
Gironde à l'Assemblée législative, pair de France.

44

de ce peintre rare; puis un *Incendie pendant la nuit*, une *Tempête en mer*, une *Journée brumeuse* et un *Temps clair*. Vernet considérait lui-même ces différentes toiles comme ses meilleurs ouvrages; il les revoyait toujours avec la satisfaction d'un artiste conscient de sa valeur. A la manière dont est présentée cette galerie, sans doute peu considérable, on sent que le propriétaire en a réuni les tableaux *con amore*. A côté se trouvent une bibliothèque choisie et une collection d'histoire naturelle, collection si facile à faire dans une ville maritime, grâce aux relations avec les capitaines de navire.

La collection du négociant Möller, plus importante, est aussi plus variée. Davantage que dans la précédente, j'y ai retrouvé mes héros, les tableaux des grands maîtres italiens : une *Mise en croix* du Bassan, de dimensions exceptionnelles et remarquable d'exécution; l'esquisse originale, très poussée, du *Saint Romuald* de Sacchi, une des plus fameuses peintures qu'il y eût à Rome, aujourd'hui à Paris; deux belles *Batailles*, du Bourguignon; une magnifique *Tête de Christ*, pleine d'expression, de noblesse sublime et de résignation, sans doute due au Guide lui-même, ou bien copiée d'après lui par quelque habile peintre de la vieille école. J'ai vu également une très belle peinture du paysagiste anglais Moore, mon compagnon de voyage à Rome, aujourd'hui décédé; enfin, quelques grands et beaux Téniers, Poulenburg, Breughel, etc., etc.

Il me faut mentionner aussi les tableaux d'un orfèvre nommé Bernard[1], bien que celui-ci trafique de sa collection, ce qui fait qu'elle est un peu vagabonde. Je me rappelle avoir vu chez lui le plus beau paysage de Téniers; deux batailles d'une fougue incomparable, par Hugtenburg et Van der Meulen, etc., etc. En homme qui spécule sur les œuvres d'art, il m'a raconté que, dernièrement, dans une vente faite à Paris, un collectionneur français avait payé un Pol Potter de très modestes dimensions 19,500 livres, et deux paysages, de Molinara je crois, 40,000 livres ! Ce qui prouve qu'en France le luxe coûteux de l'amateurisme est de nouveau en faveur.

Vingt mille livres, c'est-à-dire quarante mille francs, pour un petit Pol Potter ! Mais, n'étaient-ce pas déjà les folies et l'immoral gaspillage auxquels nous ont habitués aujourd'hui les tours de passe-passe des marchands et le « snobisme » des prétendus connaisseurs ?

1. Bernard (Jean-Baptiste), en famille Léon, né à Bordeaux, paroisse Sainte-Colombe, le 16 avril 1764 et baptisé le même jour à Saint-André (Arch. mun., série GG. par. Saint-André, reg. 104, f° 75, acte 1577); marié à Théotiste Laclotte le 26 mars 1793 (Greffe du Tribunal civil).

Le Bernard en question, un gros orfèvre, avait son magasin place de la Comédie, n° 3. Il était associé avec son beau-frère sous la raison sociale *Sicart & Bernard*. Le comte de Paroy raconte dans ses mémoires qu'il faillit le faire guillotiner en même temps que neuf autres témoins auxquels il avait demandé de signer un certificat de résidence que Fouquier-Tinville prétendait faux [1]. C'était un homme fort bien de sa personne, élégant, distingué, et qu'il serait injuste de ne pas considérer comme un véritable amateur parce qu'il aurait, parfois, revendu des tableaux de sa collection. Du reste, il savait apprécier pour lui-même le talent d'un artiste, car il fit faire au moins trois fois son portrait : par Lacour, précisément, en 1791 ; par Vincent [2] en 1793, et par Eugénie Lethière [3] en 1804. Lorsqu'il mourut, le 9 juillet 1833 [4], on trouva encore chez lui nombre de tableaux et de gravures, et une extraordinaire quantité de... culottes de soie [5].

S'il fut séduit par l'art, Lorenz Meyer prit assurément moins de plaisir au théâtre, alors en pleine décadence. On n'y voyait plus le beau Larive, ni la Clairon et la Dugazon, la Saint-Val, les Vestris et les Dauberval qu'avaient applaudis Mme de La Roche et l'anglais Young lui-même. Mais si acteurs et danseurs étaient mauvais, le répertoire était pis encore. On jouait, même à l'Opéra, des pièces à peine dignes d'un théâtre de barrière :

A Bordeaux, dit Meyer, le théâtre partage d'une façon toute spéciale le sort de l'art dramatique en France. Les rôles sont parfois tenus avec une certaine maîtrise, mais quand les héros chaussent leurs cothurnes — grand Apollon ! — quels rugissements, quelle fièvre, quelles convulsions ! L'opéra et la danse sont médiocres. Il n'y a de bonne chanteuse que Mlle Casal. La voix de Guenet, qui nous avait plu sur la scène de notre théâtre, à Hambourg, est éteinte, et, ici comme chez nous, Mme Gasser bat l'air de ses grands bras. La danseuse Coustou est sympathique, de même que le premier danseur

---

1. *Mémoires du Comte de Paroy*, p. 420.
2. Vincent (François-André), 1746-1816, élève de Vien, Grand Prix de Rome en 1768, membre de l'Académie, marié avec Adélaïde Labille des Vertus, premier peintre de Mesdames de France.
3. Lethière (Eugénie), fille de Guillaume Guillon Lethière, 1760-1832, Grand Prix de Rome en 1786.
4. État civil de Bordeaux.
5. Inventaire du 15 avril 1839. Me Macaire, notaire (Étude Peyrelongue).

Titus (comment un sauteur peut-il s'affubler d'un nom si auguste?), bien qu'il soit mal bâti. L'orchestre est excellent.

Quant au goût du public — ne devrais-je pas dire sa patience? — on chercherait vainement son pareil. Je n'en veux d'autre preuve, car je n'ai jamais rien vu de semblable sur aucune scène de village, que *Ponce de Léon*, l'opéra qu'on jouait hier. Cette dégoûtante farce de carnaval, représentée sur une scène parisienne il y a huit ans, faisait partie d'une série de pièces commandées en haut lieu *pour démoraliser le peuple*. Elle était jouée ici pour la première fois avec l'autorisation du commissaire de police Pierre Pierre, ce qui donne une idée de la culture de ce Marseillais. Je ne puis la raconter en détail, n'ayant assisté qu'à la moitié de la représentation, mais je sais que les principaux rôles étaient tenus par des imposteurs, des cambrioleurs et des ravisseurs de jeunes filles, tous habillés en prêtres des différents ordres. Le plus fort de la farce consistait en un pugilat et une prise aux cheveux entre plusieurs médecins tenant un conciliabule et leur malade, également déguisé; au moment où la dispute devenait générale, le malade se levait de son lit et se ruait si furieusement à coups de traversin sur les médecins, qu'il renversait tout et que les verres de lampe de l'avant-scène volaient en éclats... Ce bruit infernal m'obligea, ainsi que quelques voisins honnêtes, à quitter la salle. J'appris ensuite que le public avait eu la patience de laisser jouer la pièce jusqu'au bout, mais que, une fois finie, il l'avait sifflée.

La direction, paraît-il, n'avait pas la main plus heureuse quand il s'agissait de choisir le spectacle à jouer devant un étranger de marque. Et Meyer raconte à ce propos de quelle façon maladroite et même grossière le roi d'Étrurie[1], qui voyageait sous le nom de *Comte de Livourne*, avait été reçu au mois de mars précédent :

C'est surtout il y a quelques mois, lors de la visite du roi d'Étrurie, que la direction fit preuve de mauvais goût. Ici comme à Paris, le souverain fut accueilli avec un *Œdipe*, c'est-à-dire une pièce représentant un prince victime de la destinée et jeté par elle à bas du trône. A Paris, on jouait la tragédie de Voltaire; à Bordeaux, l'opéra de Sacchini. Avant le lever du rideau, un acteur parut sur la scène et

1. Louis Ier de Parme (1773-1803), fils de Ferdinand III de Bourbon, duc de Parme et de Plaisance. En 1796, lors de l'invasion des Français en Italie, il avait conservé ses petits états grâce à sa parenté proche avec la maison d'Espagne et l'alliance nouvelle que cette puissance venait de contracter avec la France. Mais Bonaparte ne tarda pas à s'en emparer et, en vertu d'une convention faite à Madrid le 21 mars 1801, la Toscane, qui venait d'être enlevée à l'Autriche par le traité de Lunéville, fut érigée en royaume d'Étrurie et cédée à Louis pour le dédommager de la perte de Plaisance, Parme et Guastalla.

se mit à débiter une histoire à la fois si bassement flatteuse et si incon-
venante, où le roi était comparé à je ne sais plus quel héros de la
Grèce et la reine, qui n'est pas très belle, à la Vénus de Médicis, que
les souverains ne voulurent plus remettre les pieds dans le temple
des Muses de Bordeaux, si peu recommandables.

L'arrivée du roi à Bordeaux, sa réception à la Préfecture et le
bal donné en son honneur n'avaient pas été moins réussis que cette
représentation et Meyer en a fait une pittoresque description :

Je me suis trouvé une autre fois sur la route de ce monarque en
voyage et auquel la seconde ville de France a fait un accueil des plus
maladroits et des plus blâmables, car la façon dont on a traité ce
prince, d'un bout à l'autre de son séjour à Bordeaux, était vraiment faite pour lui montrer qu'en France on ne sait plus voir un roi,
ni lui offrir l'hospitalité. Le préfet avait donné l'ordre qu'on le reçût
comme un roi, et une somme rondelette de 40,000 livres avait été
votée dans ce but, pour les quelques jours seulement que le roi devait
rester à Bordeaux. Cependant, rien de plus piteux que sa réception.
Dès son arrivée, on trouva moyen d'indisposer le comte par le cri
absurde et déplacé de *Vive le Roi !* poussé dans la rue par des jeunes
gens. Mais le prince, et cela fait honneur à sa modestie autant qu'à
son tact, ne sut s'en fâcher que pour demander si on songeait assez,
en France, à tout ce que le pays devait au premier Consul...
Pour fêter la venue du roi, on avait préparé l'illumination de
l'hôtel de la Préfecture, où il était descendu, mais elle ne put avoir
lieu. Le roi devait arriver à jour fixe, dans la soirée. Le préfet était
donc prévenu, et, pour connaître plus exactement l'heure d'arrivée
de son hôte et préparer sa réception, il lui suffisait de se faire renseigner
par des courriers à partir des deux derniers relais. Il n'en fit rien
cependant. Aussi, le roi étant arrivé peut-être une demi-heure plus
tôt qu'il ne l'avait annoncé, il entra à la Préfecture par une cour sans
le moindre éclairage, mais pleine d'une foule de gens qui criaient
Vive le Roi ! Le préfet, un flambeau dans chaque main, vint alors
sur l'escalier recevoir le roi et la reine, s'excusant, sans doute, auprès
d'eux que ses gens eussent pareillement négligé d'allumer les lampes.
Le mobilier de la chambre royale laissait aussi beaucoup à désirer.
Quoique notre hôte parcimonieux se fût donné beaucoup de mal
à courir toute la ville pour emprunter ce qui lui manquait, il n'avait
partout essuyé que des refus. Et sans doute n'avait-il pu trouver
rien de mieux chez les meilleurs fripiers. Les deux lits, qui n'étaient
pas de même forme, n'étaient pas non plus recouverts de la même
manière. Le trop affairé Leumund raconte même que lorsqu'elle

fut sur le point de se mettre au lit, la reine ne trouva pas cet instru·
ment qui porte le nom qu'on donne à Paris aux cabriolets de Versailles.

Le bal fut très réussi. Le préfet avait seulement négligé de composer
pour le roi un quadrille de gens bien élevés. Celui-ci fit à la bour-
geoisie l'insigne honneur d'inviter lui-même à la danse Mlle A. I. B...,
une des meilleures danseuses de la ville. Le quadrille était conduit
d'une façon tellement désordonnée, que les danseurs, qui étaient
un peu trop gais, envoyaient, en tournant, les basques de leur habit
dans la figure du roi. Et si le malheureux venait à s'arrêter, on le
rappelait sans pitié à l'ordre, le tirant de tous les côtés. Pendant que
le roi dansait, un officier se vautrait, avec un sans-gêne par trop
démocratique, dans le fauteuil resté vide à côté de la reine [1].

1. Meyer n'exagère rien; il est intéressant de rapprocher de son récit celui laissé
par Bernadau sur le même sujet :

« XXV. Floréal an XIII. Le roi Jacobin d'Étrurie, sous le pseudonyme de comte
de Livourne, est entré ce soir avec sa suite à Bordeaux. Quatre voitures à l'espagnole
accompagnaient la sienne, qui était escortée d'un détachement de dragons. On a crié
sur son passage force : « Vive le roi ! » assez déplacés. Il a été logé au département,
qui était éclairé ainsi que le chemin du Sablona et le cours de la Convention. Le commissaire général et les maires de Bordeaux étaient allés l'accueillir à cheval au moulin d'Arc,
où flottaient les pavillons de France, de l'Empire et de Toscane. Un monde infini était
sur son passage, à pied, à cheval et en voiture. L'escorte était plus brillante que l'escorté.

« XXVI. Le prince a été, ce jour, à la Comédie, et l'on avait mis sur l'affiche : *honoré
de la présence de Monseigneur le Comte de Livourne et de son épouse*. Entre les deux
pièces, assez ordinaires d'ailleurs, on a lu sur le théâtre de mauvais vers à la louange
de leurs majestés. Ils sont de la façon du fils du légiste Martignac, qui a fait siffler,
ces jours derniers, à Bordeaux, un vaudeville intitulé *Esope chez Xantipe*. Les jacobins
ont trouvé ce compliment très aristocratique, les gens de goût l'ont trouvé encore
plus mal imaginé qu'exécuté, le prince l'a trouvé trop servile, et sa femme l'a trouvé
ironique; car on parlait de ses grâces : elle est petite, laide et un peu bossue. Le soir,
il y a eu gala et illumination à la préfecture. On dit que le général Saint-Cyr y a fort
chapitré le commissaire général de police d'avoir laissé lire au théâtre des vers aussi
déplacés, et que la princesse en a paru de mauvaise humeur.

« XXVII. Le prince est allé ce matin visiter le Palais Gallien et le moulin de Bacalan,
deux ruines de divers âges. Au retour, il y a monté sur le nouveau corsaire à quatre
mâts appelé l'*Invention*, qui est devant le Château-Trompette. Le canon a ronflé à son
passage. Il était dans une voiture avec le préfet et le commissaire général. Une autre
voiture était pour la suite du prince. Il s'embarqua au quai du Chapeau-Rouge dans un
petit canot garni tout simplement d'un tendelet garni de cotton à raies et monté de
douze rameurs en gillet blanc. Il voulut faire le tour du navire pour y monter du côté
de terre où était placé un escalier, mais il ne put passer, attendu l'embarras que formaient
les câbles des navires voisins qu'on n'avait pas eu la précaution de faire arranger. Le
canot fut obligé de revenir d'où il était parti et de longer le bord. Le prince monta sur
le corsaire, où il fut reçu aux cris de : « Vive le roi et la République »; on y resta
demi-heure et se retira pour aller dîner à Caudeyran, dans la maison de campagne du
général Saint-Cyr, beau-frère de Bonaparte. Le gala fut magnifique et les environs
de cette maison furent remplis de curieux et d'ivrognes de tous les partis, qui eurent
des propos comme on le croit. Le prince se retira tard et n'alla pas à la Comédie, dont
on fit retirer les affiches qui l'annonçaient. Il craignait, sans doute, d'y être insulté
de nouveau par quelque complimenteur en vers.

« XXVIII. Le prince a donné, ce soir, gala, grand bal et feu d'artifice au département.
Il y avait 200 invités ou invitées parmi les fonctionnaires actuels ou passés. L'assemblée
était brillante. Le prince a ouvert le bal avec Mlle de Meyer, très belle personne. Il a
mis le feu à l'artifice, et ensuite, quand tout le monde a été à table, il en a fait le tour,
en disant de part et d'autre des choses flatteuses aux convives, puis il s'est retiré dans

Lorenz Meyer remarque que si l'on avait confié au moindre bourgeois le soin de régler la réception du souverain, il s'en serait certainement mieux tiré que la préfecture, « car les Bordelais savent concilier les convenances avec le luxe, l'élégance et le bon goût, remarque fortuite, ajoute-t-il, qui m'amène à tenter une esquisse des mœurs de cette ville intéressante, mais seulement dans la mesure où la durée des deux séjours que j'y ai faits a pu me permettre d'étudier ces mœurs. »

À Bordeaux, la sociabilité constitue le fond des relations mondaines. Hospitalité, accueil des plus larges, intérêt bienveillant et sincère apporté à votre conversation, voilà ce qu'on trouve dans presque toutes les maisons. La politesse française s'y allie à la bonhomie allemande, et la conversation en société est facile et sans aucune affectation. On vit entre amis et le cercle des amis constitue une autre famille. Le contraste de ces habitudes avec celles de la société parisienne est frappant. Car, d'une façon générale, qu'il s'agisse de leur aspect extérieur ou de leurs mœurs, il n'y a guère de ressemblance entre Bordeaux et Paris. Paris a vraiment la physionomie et l'air caractéristique de la métropole du luxe sans frein, des interminables folies. Plaisir et luxure, joie et immoralité, y sont indissolublement liés. Quant à Bordeaux, c'est une grande cité sans doute, mais, dès qu'on la compare à Paris, on s'aperçoit qu'elle a les caractères d'une ville de province. L'aisance où sont encore beaucoup de gens procure bien, ici aussi, les plaisirs et la joie de vivre, mais elle satisfait ces sentiments sans les développer; on ne court pas non plus si ridiculement après la mode; l'attrait du plaisir ne revêt point ici, comme là-bas, les formes de la débauche; la joie n'est pas déréglée et sans

son appartement, d'où il n'est plus sorti. Il est sérieux et flegmatique, quoique jeune et bien fait. Sa femme a l'abord très riant et affable. L'un et l'autre parlent bien français. Ils sont pieux comme des Espagnols. Leur aumônier, qui les suivait, a dit la messe dans leur chambre, au département, et leurs gens allaient à celle des non-conformistes, aux Irlandais, ce qui a été très remarqué.

» XXX. Le prince et toute sa suite a quitté hier matin cette ville. Le préfet et le général l'accompagnaient jusqu'aux frontières du département. Ils partent mécontents des Bordelais et les bons observateurs les voient au contraire s'éloigner avec plaisir. Leur présence alimentait la haine des partis. Il n'est pas de sot conte qu'on ne fasse sur ce voyage. On dit que le prince va prendre la couronne de France ou la poser sur la tête à un de ses pages, que les imbéciles disent être le fils de Louis XVI. Pour nous, nous ne pourrons jamais concevoir comment ils oseront aller se promener à Paris, où leur oncle a péri sur l'échafaud. Au reste, on ne cite pas un mot piquant, pas une belle action émanée de ces Majestés, depuis un mois qu'elles sont en France. » (Bernadau, loc. cit., p. 505 à 508.) — Ce n'était pas le général Gouvion Saint-Cyr, mais le général Leclerc, qui était beau-frère de Bonaparte. Bernadau, cependant, a peut-être bien entendu parler du général Saint-Cyr. L'un et l'autre étaient, du reste, à Bordeaux en 1801.

frein, et le libertinage, qui sait lui-même se présenter sous des apparences moins choquantes, n'offusque personne par l'étalage du vice.

Quant à l'aspect extérieur de la ville, toutes les rues, petites ou grandes, sont propres, mais presque toutes mal pavées. Il n'y a pas le bruit, la confusion et les encombrements de la capitale. L'animation commerciale est concentrée aux Chartrons et dans le quartier de la Bourse. On voit peu de voitures et de cabriolets et le nombre des fiacres est insignifiant par rapport à l'importance de la ville. Les prix des voitures sont arbitraires et très élevés. Rien ne trouble la tranquillité de la nuit. Dès onze heures du soir, les maisons et les rares cafés qui existent ici sont fermés. Même pendant le jour, ces cafés ne sont guère fréquentés plus de quelques heures. A Paris, c'est le désœuvrement qui domine partout et sous toutes ses formes; à Bordeaux, au contraire, c'est l'agitation commerciale qui se manifeste au dedans et au dehors; toute l'activité tend vers les affaires. La foule des gens qui, à Paris, se presse dans les lieux de plaisir, l'affluence qu'on rencontre dans les établissements publics à toute heure du jour et de la nuit, on les retrouve ici mais sous une tout autre forme et dans un milieu bien différent : à la Bourse, à deux heures de l'après-midi. Du reste, les lieux de plaisir sont rares et peu fréquentés. Il manque à leurs tenanciers le don que possèdent les entrepreneurs parisiens pour renouveler les attractions et attirer chez eux les personnes de la société. Le théâtre lui-même est rarement plein. La nouvelle salle de spectacles [1], — et précisément parce qu'elle est nouvelle — attire encore quelques personnes, bien que la chaleur soit très forte, car elle continue à osciller entre 26° et 28° Réaumur [2]. Pour ma part, je n'aime guère à me calfeutrer dans une petite salle après une journée étouffante. On va plutôt au Grand-Théâtre. Comme il est isolé, les courants d'air permettraient d'y supporter la chaleur si *Ponce de Léon* et autres productions dramatiques du même genre ne faisaient fuir les honnêtes gens.

La différence entre Paris et Bordeaux s'observe encore dans la façon de vivre chez soi, dans la tenue de la maison et dans la manière d'être de tous les jours. On dîne après la Bourse, à trois heures. Le menu n'est pas à proprement parler frugal, car les mets sont nombreux et recherchés dans leur préparation. La façon dont se passent les repas diffère aussi de celle de Paris; on fait le service avec plus d'ordre et moins de rapidité. La cuisine paraît supérieure à la nôtre.

La plupart des banquets, au sens véritable du mot, sont exclusivement composés de messieurs, ce qui enlève à presque tous les repas

---

1. Le Théâtre-Français.
2. 32° et 35° centigrades.

de ce genre le charme d'une conversation attrayante et spirituelle.
D'ailleurs, ces réunions d'hommes sont surtout des prétextes à jouer.
Les femmes vivent beaucoup plus dans leur intérieur et, le soir, elles
réunissent généralement leurs amis à la maison. Une femme dans le
train met un certain amour-propre à *recevoir du monde chez soi*. Ces
Cercles de Dames, ainsi qu'on pourrait les appeler, et qui sont parti-
culiers à Bordeaux, où on les trouve dans les maisons riches, tiennent
leurs assises entre sept heures et dix heures du soir. Ils sont composés
d'amis et d'amies de la maison. La conversation y est plus nourrie
et les manières y sont moins affectées que dans ces soirées parisiennes
dont j'ai quelque part fait une esquisse. On va et on vient sans aucune
contrainte, on s'assoit auprès des dames, on cause avec les messieurs.
Tous les honneurs sont pour l'étranger et chacun tient à s'entretenir
avec lui. Comme rafraîchissements, on sert généralement de la bière,
boisson fort goûtée et qu'on fabrique très bien ici depuis quelques
années. Le dimanche soir, ce cercle de dames s'élargit. Des connaissances plus éloignées viennent, à leur tour, présenter leurs hommages
à la maîtresse de maison. Tous les salons sont grands ouverts et bril-
lamment éclairés; quantité de rafraîchissements sont offerts pendant
qu'on joue et qu'on cause.

La différence avec la capitale n'est pas moins sensible en ce qui
concerne la mode. Certes, ce n'est point que les Bordelaises ne sachent
s'habiller avec goût ni s'inspirer de l'élégance française, mais, chez
elles, la mode ne devient jamais excentrique. Le vêtement féminin
est taillé et drapé à la grecque, tout en étant plus simple de forme,
plus bienséant et plus discret que la tunique. Les décolletés exagérés
et les robes transparentes ne se voient que chez les femmes légères;
la femme honnête parle avec horreur et dégoût de ces vêtements
inconsidérés qui altèrent la santé et enlèvent au sexe faible tout
son charme délicat [1].

1. Bernadau a fait, de la mode à cette époque, mode que du reste nous connaissons
bien par les gravures du temps, une description qui confirme l'opinion de Meyer, et
à laquelle la mode du jour et la fameuse *jupe-culotte* donnent un intérêt d'actualité
tout particulier : « V. Prairial an IX (avril 1801). Le costume de nos élégantes est tout
à fait semblable à celui des grecques d'Anacharsis. La décence et la commodité sont
sacrifiées aux bizarreries. Jamais les femmes n'ont montré dans leur air et dans leur
mise un aussi grand mépris des bienséances par la manière avec lesquelles leur corps,
dans toutes ses formes, se prononce à l'œil. L'habit est d'une légèreté et d'une trans-
parence dont rien n'approche. Bras entièrement nus, sein découvert, taille dégagée,
bas du corps serré par la manière de soulever la robe et de la faire coller sur les cuisses
et les jambes, dont on aperçoit tous les contours quand on ne les montre pas en grande
partie. La tête est nue et les cheveux y sont attachés par un peigne, sans être poudrés,
chiffonés sur le devant et enduits d'une composition luisante appelée *huile antique*.
Quelquefois, on porte une coeffe ou un chapeau, mais il est ras de l'oreille d'un côté
et très grand sur l'autre. La légèreté des propos répond à l'air et à la démarche du
costume. Lays et Phryné n'étaient pas plus effrontées à Corinthe que ne le sont nos
Françaises du jour et de tous les âges. » *(Bernadau, loc. cit., p. 568.)*

Meyer finit son étude des mœurs bordelaises en remarquant
— aujourd'hui lui faudrait-il peut-être constater seulement l'in-
terversion des rôles — que le fossé qui séparait jadis la Rousselle des
Chartrons, a disparu depuis 1789 :

Lors de mon premier voyage à Bordeaux, avant la Révolution,
j'avais trouvé, dans le luxe extérieur et surtout dans la vie de famille,
une très grande différence entre le centre de la ville (*la cité*) et le
faubourg des Chartrons. Ici, demeuraient et demeurent encore les
négociants riches; là habitaient les fonctionnaires royaux et les
conseillers au Parlement, *hommes de robe* ou *de Palais*, appartenant
aux familles les plus distinguées. Dans la société des Chartrons, le
bon goût, l'élégance et le naturel des manières dominaient; dans celle
de la cité, c'était la morgue de la noblesse et la raideur due à la fré-
quentation de la cour. Là-bas comme ici, on jouait gros et avec passion.
Aujourd'hui, la caste des conseillers au Parlement, celle des nobles
avec toute leur séquelle, a disparu, et les aristocrates, aussi bien les
émigrés que les autres, sont obligés de baisser le ton. Le malheur
commun et la leçon des événements ont fait se rapprocher et s'unir
les maisons de la cité et celles des Chartrons. Maintenant, on ne
festoie plus là-bas, et ici on ne joue plus gros jeu.

Avant de quitter Bordeaux et de poursuivre son voyage dans le
sud de la France, Lorenz Meyer alla passer quelques jours à Blanquefort, dans la propriété de son frère. Le voisinage des grands crus
du Médoc et la visite de leurs vignobles l'intéressèrent au plus haut
point. Malheureusement, les vendanges s'annonçaient désastreuses,
et ce fut pour Meyer une grande déception de voir des vignes à peu
près sans raisins :

Je suis à Blanquefort, déjà au delà de la frontière du beau pays
de vignobles appelé *Médoc*, dans la maison de campagne de mon frère.
Nous faisons exception à la règle, car, à l'époque où nous sommes,
c'est-à-dire fin août, il y a bien déjà six semaines que la vie à la campagne a cessé pour reprendre dans quinze jours et continuer alors
jusqu'en décembre. La plupart des propriétaires trouvent qu'ils se
protègent mieux contre les chaleurs de juillet dans les maisons de la
ville, et ils ne retournent à la campagne qu'au temps des vendanges.
Je m'étais réjoui à l'idée de voir les vignes chargées de raisins,
mais c'était bien inutilement, car la gelée printanière a tout détruit.
On n'a rien vu de si pitoyable depuis longtemps. C'est à peine si la

dixième partie des ceps porte quelques raisins aux grains encore verts. Vendémiaire, ce beau mois des vendanges, qui est aussi la fête du pays et le moment où tous les propriétaires reçoivent, vendémiaire ne promet pas d'être bien gai cette année [1].

Le nom du petit pays où je me trouve est connu et respecté de tous les gourmets d'Europe : c'est celui de *Médoc*, patrie du plus noble de tous les vins. De Blanquefort jusqu'à la Garonne — dont on voit, par les fenêtres de ma chambre, flotter les pavillons des navires — et de là jusqu'à la mer, on compte environ vingt lieues françaises; les crus du Médoc les plus fameux portent le nom des châteaux de leurs anciens propriétaires : Château Margaux, Château Lafite et Château La Tour. Le palais délicat des connaisseurs distingue beaucoup d'autres crus moins importants où l'on fait aussi des vins fins (*vins de dessert*) : tels sont ceux de Haut-Brion, Saint-Julien, Gruaud-Larose, etc. Il est probable que, bientôt, nous ne connaîtrons plus que de nom la plupart de ces grands crus. Car les Anglais les accaparent tous les uns après les autres. Déjà, le domaine de Château Margaux, acheté comme bien national par un Hollandais, a été affermé à des gourmets anglais, de telle sorte qu'eux seuls pourront maintenant déguster cet excellent vin. Et il n'y a pas moyen de faire cesser un pareil scandale ! — Des souvenirs sanglants se rattachent à l'histoire de certains de ces crus : de Fumel, ancien gouverneur du Château-Trompette et propriétaire de Château Margaux, a été guillotiné; de Ségur, propriétaire du Château Lafite, a subi le même sort à Paris avec toute une partie de sa famille. Ce dernier cru, qui n'a fait, depuis, que passer de main en main, finira, lui aussi par devenir un de ces jours la proie de quelque Anglais.

Pendant son séjour à Blanquefort, Meyer fit plusieurs excursions dans la région, notamment à *la Bassiole*, lieu alors célèbre par un crime sensationnel commis quelques années plus tôt par des *chauffeurs* qui s'étaient livrés à toutes sortes d'atrocités sur un malheureux aubergiste, sa femme et sa fille. Il visita aussi diverses propriétés, comme celle de son ami F..., à Montferrand, et s'égaya de ne rencontrer presque partout que des jardins aux plates-bandes en spirale et aux arbustes taillés en forme de compotier. Le plus

1. L'année suivante, le 14 avril 1802, une forte gelée emporta le quart de la récolte. « Les choses en sont au point, dit Bernadau, que cette calamité est regardée comme avantageuse en ce que, les vins ne s'étant pas vendus l'année dernière, leur abondance eût été funeste aux propriétaires... » *(Bernadau, loc. cit., p. 618.)* Mais puisque, aux dires de Meyer, la récolte avait été à peu près nulle en 1801, comment, en 1802, pouvait-on en être embarrassé et se féliciter de cette nouvelle disette? Où est la vérité?

complet dans le genre, car il s'agrémentait de personnages postiches et de toute une ménagerie de carton éparpillée sur les gazons, c'était le jardin des frères Raba [1], à Talence. Il était encore, il y a peu d'années, tel que Meyer va nous le décrire :

Aux environs de Bordeaux, dit-il, on s'occupe d'une façon toute spéciale de l'art des jardins. Dans la plupart des propriétés, on pousse à l'excès le jeu enfantin des haies découpées, des arbres et des buissons taillés en éventail, des parterres de fleurs en spirale et aux couleurs bigarrées, des plates-bandes de gazon qui serpentent, et autres fantaisies du même goût. Un jardin particulièrement réussi dans ce genre hollandais et où l'on voit toute une série de caricatures, c'est le jardin des trois frères Raba, des israélites. Il semble qu'ils aient voulu imiter en petit les installations de ce fou qui s'appelle le prince Palagonia, près de Palerme, à moins qu'ils n'aient cherché à être plus originaux que lui dans ce genre. Que de surprises à chaque pas ! Un petit bois de chêne sert ici de repaire à des quadrupèdes de toutes espèces. Des tigres de la taille d'un chat, des lions comme des caniches, vivent là avec les autres colosses de la forêt, avec les lièvres et les chevreuils. Tous ces animaux, grossièrement taillés dans le bois, sont, chaque année, soigneusement repeints et revernis. Dans un autre coin de la propriété, on se croirait vraiment en Arcadie. Un âne en bois y broute une prairie émaillée de fleurs, et des vaches, guère moins grandes que nature, des moutons avec leurs bergères folâtrent sur l'herbe. Au milieu de cette scène pastorale, un joli petit moulin à vent hollandais s'élève sur un tertre où l'on monte par un sentier en colimaçon. Le meunier et la meunière sont à la fenêtre et condamnés par le sculpteur à rire perpétuellement du même rire grimaçant. Les faisanderies et les volières sont aussi nombreuses que les petits temples avec leurs statues de dieux aux noms gravés sur les socles, que les ermitages avec leurs anachorètes et les tables de bois dont les inscriptions dans toutes les langues vous expliquent en vers et en prose, s'il en est besoin, ces beautés de l'art et de la nature. Tout cela est cultivé avec une symétrie et une minutie plus que hollandaises; tout est nettoyé, peigné et l'on pourrait dire poudré comme la tête elle-même du plus âgé des propriétaires, lequel entretient, moyennant cinq cents livres par an, un artiste perruquier qui l'opère trois fois par semaine; aussi ses concitoyens l'ont-ils surnommé *le Marquis*.

1. Raba.—Les frères Raba, qui avaient amassé une grande fortune dans l'armement, étaient au nombre de cinq. Traduits devant le Tribunal révolutionnaire pour *négocianlisme*, ce qui était *l'aristocratie des richesses*, les sans-culottes trouvèrent moins profitable de les guillotiner que de les condamner à 500,000 livres d'amende.

La description de Meyer, déjà bien savoureuse, n'approchait cependant pas de la réalité, car le jardin des frères Raba était un véritable *Musée Grévin* en plein air, et il faut lire l'analyse détaillée qu'en a faite Bernadau dans sa *Promenade à Talence* [1], pour s'imaginer à quel point ridicule et bouffon était l'aspect de ce parc que notre historien appelait le *Chantilly des Bordelais* et qu'il célébrait dans ces vers :

> *Pour découvrir jardin charmant,*
> *Vous parcourez à grands frais la Provence;*
> *D'une belle bastide, ici, commodément*
> *› Nous jouissons de l'agrément,*
> *En nous promenant à Talence.*

Au milieu de cette fantaisie carnavalesque dont le voisinage était une véritable profanation pour elle, une exquise habitation s'élevait, de lignes et de proportions aussi élégantes que gracieuses, pur chef-d'œuvre du style Louis XVI et que seul le génie d'un Louis ou d'un Laclotte avait pu créer. Meyer ou Bernadau nous auraient facilement renseignés à cet égard, mais l'un n'a guère parlé de la maison et l'autre n'en a rien dit. Tous deux semblent avoir surtout prêté attention à la mascarade champêtre organisée par les propriétaires en dehors de leur architecte. Nous nous consolerons en songeant que, par un juste retour des choses, aujourd'hui la farce est terminée, et que, loin de tout fâcheux voisinage, la délicate et fine architecture du château Raba, dont le temps a doré les pierres, s'épanouit dans la verdure d'un beau jardin à la française.

Dans les premiers jours de septembre, Lorenz Meyer faisait ses adieux à sa famille et quittait Bordeaux. Il allait visiter le midi de la France, une partie de la Suisse, et rentrer en Allemagne en traversant de nouveau Paris. Nous savons quel souvenir il emportait de son séjour dans notre ville. Un sentiment dominait l'intérêt qu'il avait pris à étudier l'organisation et les mœurs nouvelles de cette

---

1. *Promenade à Talence ou Description de la maison de campagne de MM. Raba frères.* Bordeaux, Beaume, 1803.

société brusquement transformée, à voir les changements de la ville elle-même, ses œuvres d'art et ses curiosités : c'était sa joie d'avoir revu un frère dont il se séparait pour toujours peut-être, et c'était aussi sa gratitude pour le cordial accueil et la franche hospitalité que partout il avait reçus. Mais il est une chose dont Meyer n'a point parlé et que nous pouvons dire, son portrait nous y autorise autant que son livre, c'est que sa belle humeur et son entrain, le charme de sa conversation et sa figure fine et spirituelle avaient séduit tous ceux qui l'approchèrent, et qu'il laissait à Bordeaux autant de regrets que lui-même pouvait en emporter.

Bordeaux. — Impr. G. GOUNOUILHOU. — G. CHAPON, *directeur*
9-11, rue Guiraude, 9-11.